前沿科技·信息科学与工程系列

卡尔曼滤波原理及应用
——MATLAB 仿真

（第2版）

黄小平　王　岩　编著

電子工業出版社·

Publishing House of Electronics Industry

北京·BEIJING

内 容 简 介

　　本书主要介绍数字信号处理中的卡尔曼（Kalman）滤波算法及其在相关领域应用中的相关内容。全书共 7 章。第 1 章为绪论。第 2 章介绍 MATLAB 算法仿真的编程基础。第 3 章介绍线性 Kalman 滤波。第 4 章讨论扩展 Kalman 滤波，并介绍其在目标跟踪和制导领域中的应用和算法仿真。第 5 章介绍无迹 Kalman 滤波，同时给出在应用领域中的算法仿真实例。第 6 章介绍交互多模型 Kalman 滤波算法。第 7 章介绍在 Simulink 环境下，如何通过模块库和 S 函数构建 Kalman 滤波器，并给出系统在线性和非线性两种情况下的滤波器设计方法。

　　本书可以作为电子信息类各专业高年级本科生和硕士、博士研究生数字信号处理课程和 Kalman 滤波原理课程的教材，也可以作为从事雷达、语音、图像等传感器数字信号处理工作的教师和科研人员的参考书。

图书在版编目（CIP）数据

卡尔曼滤波原理及应用：MATLAB 仿真 / 黄小平，王岩编著. —2 版. —北京：电子工业出版社，2022.6
（前沿科技. 信息科学与工程系列）

ISBN 978-7-121-43181-4

Ⅰ. ①卡…　Ⅱ. ①黄…　②王…　Ⅲ. ①卡尔曼滤波—系统仿真—Matlab 软件　Ⅳ. ①O211.64-39

中国版本图书馆 CIP 数据核字（2022）第 047979 号

责任编辑：刘海艳
印　　　刷：涿州市般润文化传播有限公司
装　　　订：涿州市般润文化传播有限公司
出版发行：电子工业出版社
　　　　　北京市海淀区万寿路 173 信箱　邮编：100036
开　　本：787×1 092　1/16　印张：15　字数：337 千字
版　　次：2015 年 7 月第 1 版
　　　　　2022 年 6 月第 2 版
印　　次：2025 年 1 月第 5 次印刷
定　　价：79.00 元

前　言

随着科技的发展，在雷达、声呐、通信、视频图像处理、故障诊断等领域，对信号检测和状态参数估计的研究有着重要的价值。在所有数字信号处理应用系统中，传感器数据采集是重要的一环。所有由传感器采集的数据都会受到噪声的污染。噪声不能消除，只能尽最大限度地降低。例如，在目标跟踪时，传感器一般是采集观测站与目标之间的距离、角度等信息。这些信息往往会受高斯、非高斯噪声的污染，导致观测站不能准确地估计目标的状态，此时对数据进行滤波就显得很有必要了。

卡尔曼（Kalman）滤波是处理噪声的利器，目前关于 Kalman 滤波的论文非常多，专著也不少，但是在阐述 Kalman 滤波原理时，大多数文献只停留在公式推导和文字介绍上，而且各作者对公式的表示习惯不一样，导致要理解 Kalman 滤波原理非常困难，在编程仿真时也存在诸多疑问，因此很多读者在刚开始接触 Kalman 滤波算法时总是疑虑重重。鉴于此，本书在介绍 Kalman 滤波原理时，加入了大量的应用仿真实例，尽量避免繁缛的公式推导，用通俗易懂的语言文字，配有详细的 MATLAB 仿真程序及其中文注释，使读者对照核心公式和程序注释即可理解 Kalman 滤波原理。

本书的主要内容是 Kalman 滤波的状态估计方法：应用于线性领域时，主要是经典 Kalman 滤波；应用于非线性系统时，主要是扩展 Kalman 滤波和无迹 Kalman 滤波。当然在很多文献中有各种 Kalman 滤波的衍生算法，如信息 Kalman 滤波、强跟踪 Kalman 滤波、集合 Kalman 滤波、容积 Kalman 和神经网络 Kalman 滤波等。我认为，其他衍生算法都是以经典 Kalman 滤波为本体的，只要掌握经典 Kalman 滤波算法的核心和精髓即能触类旁通，学一知百。同样地，在研究各种衍生算法之前，必须先掌握经典算法。

在应用实例方面，读者一定要掌握系统建模问题。所谓系统建模，是指 Kalman 滤波中的状态方程和观测方程的建立。这两个方程中的状态、矩阵参数的设置不同，就代表着不同的系统。经典 Kalman 滤波和交互多模型 Kalman 滤波属于线性滤波器，应用领域主要有温度测量、GPS 导航、石油地震勘探、视频图像中的目标检测和跟踪。非线性滤波器主要有扩展 Kalman 滤波和无迹 Kalman 滤波算法，应用实例主要是纯方位、纯距离的目标跟踪、寻的制导系统等。在工程应用中，系统模型是千奇百怪的，本书不可能列举所有的应用。鉴于此，本书给出了通用的一维、二维和四维状态系统滤波问题。读者掌握这些通用模型仿真，在遇到其他信号处理模型时即会得心应手。

在本书第 2 版的编写过程中，安徽大学程灿和冯涛两位硕士研究生做了重要的编辑和校准工作。本书的勘误，得到了北京航空航天大学自动化学院同课题组实验室的学长的帮助，感谢王驭风、刘涛、徐建伟的指导。另外，特别感谢北京理工大学何绍溟的全力相助，感谢一直支持和帮助我修改错误的各位网友！

希望本书对于从事相关领域的研究者有所帮助。由于作者水平有限，书中难免有疏漏和不足之处，恳请读者提出宝贵意见。我的邮箱 xiaoping_444@126.com。

本书的源程序代码在 QQ 群 835458099 的群文件中及华信教育资源网上。

黄小平

2022 年 5 月

目　　录

第1章 绪　　论

1.1　滤波的含义

什么是滤波？滤波一词起源于通信理论，是从含有干扰的接收信号中提取有用信号的一种技术。更广泛地，滤波是指利用一定的手段抑制无用信号，增强有用信号的数字信号处理过程。

无用信号，也叫噪声，是指在采集数据中对系统没有贡献或起干扰作用的数据。在通信时，无用信号表现为特定波段频率、杂波；在传感器采集数据时，无用信号表现为幅度干扰。例如，在测量温度时，传感器测量值与真实温度之间往往有一定的随机波动。这个波动就是随机干扰。其实噪声是一个随机过程，而随机过程有其功率谱密度函数，功率谱密度函数的形状决定了噪声的"颜色"。如果这些随机干扰信号幅度分布服从高斯分布，而它的功率谱密度又是均匀分布的，则称它为高斯白噪声。高斯白噪声是大多数传感器所具有的一种测量噪声。

在工程应用中，如雷达测距、声呐测距、图像采集、声音录制等，只要是传感器采集和测量的数据，都携噪声干扰。这种干扰有的很微小，有的则会使信号变形、失真，有的严重导致数据不可用。滤波不是万能的，只能最大限度地降低噪声的干扰，即有的滤波是不能完全消除噪声的，有的则可能完全消除。

卡尔曼（Kalman）滤波在提出之初被称为线性最小均方估计器（Linear Least Mean Squares，LLMS），因为它将含有噪声的传感器测得数据按照最小方差的方式对线性随机系统进行优化，得到最优解。那么，到底什么是 Kalman 滤波？要回答这个问题可以从 3 个方面理解：

（1）Kalman 滤波的本质是一种工具，而且也仅仅是一种数学工具。正如机械工具能帮人类提高体力劳动的效率一样，数学工具可使脑力劳动效率更高。

（2）在具体解决实际工程问题时，Kalman 滤波是一段计算机程序。它一直被称为"适用于数字计算机实现的理想工具"，原因在于它采用了估计问题的有限表示方法，即通过有限数目的变量来表示被估计对象，而且 Kalman 滤波确实要假设这些变量都是实数并具有无限精度。

（3）Kalman 滤波是估计问题具有一致性的统计描述方法。Kalman 滤波不仅是一个估计器，还会传播动态系统有关知识的当前状态，包括来自随机动态扰动和传感器测量噪声的均方不确定性。这些特性对于传感器测量系统的统计分析和预先设计是极有帮助的。

1.2　Kalman 滤波的背景

滤波就是在对系统可观测信号进行测量的基础上，根据一定的滤波准则，采用某种统计量最优方法，对系统的状态进行估计。所谓最优滤波或最优估计是指在最小方差意义下的最优滤波或最优估计，即要求信号或状态的最优估值应与相应真实值的误差的方差最小。经典最优滤波理论包括 Wiener（维纳）滤波理论和 Kalman（卡尔曼）滤波理论：前者采用频域方法；后者采用时域状态空间方法。

经典 Wiener 滤波理论是由控制论创始人 N. Wiener 在 20 世纪 40 年代初（第二次世界大战期间）因研究火炮控制系统的需要而提出的，是一种频域滤波方法。它的基本工具是平稳随机过程谱分解。其缺点和局限性是要求信号为平稳随机过程，要求存储全部历史数据。滤波器是非递推的，计算量和存储量大，难以在工程上实现，不便于实时应用，仅适用于单通道平稳随机信号。人们试图将 Wiener 滤波理论推广到非平稳和多维的情况，都因无法突破计算上的困难而难以推广。

采用频域设计法是造成 Wiener 滤波器设计困难的根本原因。因此人们逐渐转向寻求在时域内直接设计最优滤波器的方法。Kalman 在 20 世纪 60 年代初提出了 Kalman 滤波理论。Kalman 滤波理论是一种时域方法。它把状态空间的概念引入随机估计理论，把信号过程视为白噪声作用下一个线性系统的输出，用状态方程来描述输入-输出关系，在估计过程中利用系统状态方程、观测方程和白噪声激励，即系统过程噪声和观测噪声，利用它们的统计特性形成滤波算法。由于所用的信息都是时域内的量，所以 Kalman 滤波不但可以对平稳的一维随机过程进行估计，也可以对非平稳的、多维随机过程进行估计。同时 Kalman 滤波算法是递推的，便于在计算机上实现实时应用，克服了经典 Wiener 滤波方法的缺点和局限性。

在实际应用中，Kalman 滤波理论是统计估计理论的里程碑式的进展，同时也是 20 世纪最伟大的发现之一，成为众多电子系统体系中与"硅"一样不可或缺的元素。它最直接的应用是在复杂动态系统，例如连续制导过程、飞机、船舶、宇宙飞船等的控制上。为了实现对动态系统的控制，首先需要了解被控对象的实时状态。对于复杂动态系统应用，通常无法测量每一个需要控制的变量，而 Kalman 滤波理论能够利用这些有限的、不直接的、包含噪声的测量信息去估计那些缺失的信息。此外，Kalman 滤波理论也被用于预测动态系统未来的变化趋势，如洪流流量、星体运动轨迹、商品交换价格等。

1.3　最优估计的相关方法

Kalman 滤波是一种优秀的最优估计方法。在 Kalman 滤波出现之前，人们经历了最小二乘估计、维纳滤波等。在 Kalman 滤波被提出以后，估计理论也是不断向前发展的，各种 Kalman 滤波的衍生滤波器、基于概率统计的粒子滤波等先后被提出。我们可以回顾这个过程，以便在科研和学术研究中找到方法和思路。

1.3.1　最小二乘法

第一个真正意义上从噪声数据中构造出最优估计的方法是最小二乘法。该方法是由德国著名数学家、物理学家、天文学家、大地测量学家——约翰·卡尔·弗里德里希·高斯（Johann Carl Friedrich Gauss，1777—1855 年）于 1795 年在《天体运动理论》一书中提出的。虽然自伽利略（Galileo，1564—1642 年）时代开始，人们已经认识到测量误差是不可避免的，但最小二乘法是处理测量误差的第一个正规方法。虽然最小二乘法更广泛的用途是线性估计，但却是高斯首先将其用于解决数学天文学中的非线性估计问题。下面一起回顾一下高斯提出最小二乘法的过程。

1772 年，德国一名中学教师 Johann Daniel Titius 发现了 0，3，6，12，24，48，96，192，…这样一组数列，将每个数字加上 4 再除以 10 后，就可以得到以天文单位表示的各个行星与太阳的平均距离。根据 Titius 的推理：

（1）水星到太阳的距离为（0+4）÷10=0.4；

（2）金星到太阳的距离为（3+4）÷10=0.7；

（3）地球到太阳的距离为（6+4）÷10=1.0；

（4）火星到太阳的距离为（12+4）÷10=1.6；

（5）木星到太阳的距离为（48+4）÷10=5.2；

（6）土星到太阳的距离为（96+4）÷10=10。

这里仅有以 250 年前人类的科技水平，在太阳系里已经发现的包括地球在内的 6 颗行星。神奇的是，这组数列竟然与实际基本吻合。这是宇宙的奥妙。但是观测上面这组数列，在 24 这个数字上应该会有一颗行星存在，暂且称它为行星 α，α 到太阳的平均距离应该是（24+4）÷10=2.8，由于当时的观测技术条件有限，从来没有人在 2.8 个天文单位处发现这颗行星。好几年过去了，这颗谜一样的行星一直没有被人搜到。但是在搜寻行星 α 的过程中，人们发现了另一颗新的行星，它满足（192+4）÷10=19.6 的公式。这便是天王星到太阳的距离。

在 Johann Daniel Titius 提出行星数列推论后的 30 年里，神秘的行星 α 一直不曾露面，人们都快忘记它了。奇迹发生在 1801 年 1 月 1 日，意大利亚平宁半岛上有一位天文学家 Giuseppe Piazzi，观测到在白羊座（Aries）附近有光度 8 等的星体在移动。这颗小行星在天空中出现了 41 天，扫过 8°角之后，就在太阳的光芒下消失了踪影。当时天文学家无法确定这颗新星是彗星还是行星，因为当时可用的数据太少了，根本没法确定其轨道。利用有限的数据难以列出可求解的非线性方程，以至于牛顿都声称该问题属于数学天文学领域中最困难的问题。得而复失的行星 α 的行踪，毫无疑问地引起了当时科学界的广泛关注，也引起了另一位德国青年才俊的注意。这人便是 24 岁的数学家高斯。

高斯根据 Piazzi 有限的几次观测结果，只用了一个小时便推断出这颗神秘行星的运行轨迹，并预测何时在哪一片天空会出现。在 1801 年 12 月 31 日夜晚，德国观星者奥博斯果然在高斯预言的时间里，用天文望远镜对准天空找到了神秘行星。这便是太阳系中最小，但是在小行星带里最大的矮行星，命名为谷神星。高斯用有限的几次观测数据拟合出谷神星的运行估计计算方法，但直到 1809 年才发表。在 1809 年发表的论文中，还描述了 1795 年他 18 岁时发现的最小二乘法，并且利用这个方法对谷神星的轨道估计进行了改进。

最小二乘数据拟合如图 1.1 所示。

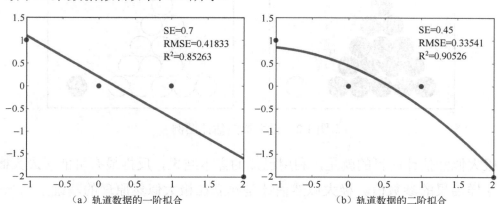

（a）轨道数据的一阶拟合　　　　　（b）轨道数据的二阶拟合

图 1.1　最小二乘数据拟合

自从最小二乘法被发表以后，它就一直不断地成为人们感兴趣的主题，并且使各个时代的科技人员都受益匪浅。最小二乘法是第一个最优化估计方法，在实验科学和理论科学之间建立了重要的桥梁，即为实验人员提供了估计理论模型未知参数的一种切实可行的方法。

1.3.2　极大似然估计

最小二乘法由于没有考虑被估计参数和观测数据的统计特性，因此不是最优估计。由于最小二乘法在计算上比较简单，因此是一种应用最广泛的估计方法。1912 年，英国统计与遗传学家罗纳德·费希尔（Ronald Fisher，1890—1962年）提出了极大似然估计方法，从概率密度出发来考虑估计问题，对估计理论做出了重大贡献。该方法也由 Fisher 第一次正式命名为 Maxmum Likelihood Estimation。1950 年，J. Wiley & Sons 再次提到这个思想，并首次探讨了极大似然估计的一些性质，如一致性、不变性等，使得极大似然估计方法能更好地估计参数。

为了说明极大似然估计的基本原理，我们不用复杂的公式表示，而采用图 1.2 为大家介绍。在两个外形完全相同的箱子中，A 箱子中有 99 个黑球和 1 个白球，B 箱子中有 99 个白球和 1 个黑球。在一次实验中中取出 1 个球，结果取出的是黑球。那么问黑球从哪个箱子中取出？人们的第一印象就是此黑球来自 A 箱子的可能性非常大，这个推断符合人们的经验事实。这种最大可能的推断，被称为"最大似然原理"。

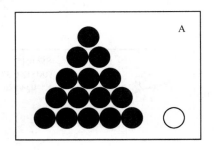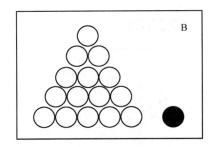

图 1.2　极大似然估计图例

极大似然估计的目的就是，利用已知的样本结果，反推最有可能（最大概率）导致这样结果的参数值。极大似然估计是建立在极大似然原理的基础上的一个统计方法，是概率论在统计学中的应用。极大似然估计提供了一种给定观测数据来评估模型参数的方法，即"模型已定，参数未知"。通过若干次试验，观察其结果，利用试验结果得到某个参数值能够使样本出现的概率为最大，便是极大似然估计的核心。最大似然估计也是机器学习中一个非常重要的、必须掌握的知识点。

在利用极大似然估计解决实际问题时，我们能获得的数据可能只是有限数目的样本数据，而先验概率和类条件概率（各类的总体分布）都是未知的。极大似然估计方法目前仍然在各领域被广泛应用，如气象预报、质量检测、可靠性分析、遗传工程、机器制造、国防、化工、冶金、医药卫生和环境等领域。

1.3.3　维纳滤波

极大似然估计从概率论的角度解决参数估计问题。在现实生活中，有很多现象要用随机过程解释，对随机过程的估计在此之前仍然处于空白。对于随机过程的估计，到 20 世纪 30 年代才积极发展起来。1940 年，控制论的创始人之一——美国学者诺伯特·维纳（Norbert Wiener，1894—1964 年）根据火力控制的需要，提出一种在频域中设计统计最优滤波器的方法，被称为 Wiener 滤波。Wiener 是 20 世纪早期著名的天才，从小由父亲教育，9 岁便直接进入中学，11 岁中学毕业，然后用 3 年时间在塔夫茨大学获得数学本科学位，14 岁进入哈佛大学，18 岁时获得数学哲学博士学位，1919 年以后一直是麻省理工的教师。

在众多科学出版物里都能找到 Wiener 的身影，他在控制论方面的贡献是闻名遐迩的。他的一些重要的数学成就有广义谐波分析、广义傅里叶变换，证明了白噪声经过变换后依然是白噪声。在第二次世界大战的前几年，Wiener 参加了一个军方项目，需要用雷达信息设计一个自动控制器来引导防空火力。因为飞机的速度与子弹的速度相比是不能忽略的，因此要求这个系统"射向未来"。也就是说，控制器必须能够利用有噪声的雷达跟踪数据，并对其目标的未来航线进行预测。

Wiener 在推导最优估计器时，利用在函数空间上的概率测度来表示不确定的动态行为。他根据信号和噪声的自相关函数，推导出最小均方预测误差解。这个形式是一个积分算子，如果对自相关函数或者等效傅里叶变换的规律性施加某些约束，则可以用模拟电路来合成它。他的方法利用功率谱密度代表随机现象的概率特性。同一时期，苏联杰出数学家——安德列·柯尔莫哥洛夫（Andrey Nikolaevich Kolmogorov，1903—1987 年）提出并初次解决广义离散平稳随机序列的预测和外推问题。此时，Wiener 正好完成了对连续时间预测器的推导工作。

Wiener 的这个研究成果，直到 20 世纪 40 年代晚期，才在一个题目为"平稳时间序列的外插、内插和平滑"的研究报告中被解密。这个题目后来被缩写为"时间序列"。该报告在当时引起不少关注，其中的很多数学细节，虽然本科生难以消化，但是却吸引了专注于电子工程科学的一代研究生们。

1.3.4　Kalman 滤波

经典的维纳滤波算法在当时的防空火力控制、电子工程等领域获得较为广泛的应用。它是线性最小方差滤波方法，对于平稳序列与过程的谱密度导出了线性最优预测和滤波的明显表达式，从而能对含有噪声的信息进行滤波。Wiener 滤波和柯尔莫哥洛夫滤波方法开创了一个应用统计估计方法研究随机控制问题的新领域。但是 Wiener 滤波采用频域设计法，维纳方程计算量过大，解析求解困难，整批数据处理要求存储空间大，造成适用范围极其有限，仅适用于一维平稳随机过程的信号滤波，在非平稳过程和多维系统的应用场合，滤波计算受到很大限制。

Wiener 滤波的缺陷促使人们寻求在时域内直接设计最优滤波器的新方法。经过 20 多年的不懈努力，终于在 19 世纪 60 年代由匈牙利裔美国数学家鲁道夫·卡尔曼（Rudolf Emil Kalman，1930—2016 年，见图 1.3）提出最具有代表性的成果，后来被称为 Kalman 滤波（Kalman Filtering，KF）。提起 Kalman 滤波，不得不提 Kalman 在美国宇航局 NASA 的项目经验。Kalman 在 NASA 埃姆斯研究中心访问时，发现斯密特的方法对于解决阿波罗计划的轨道预测很有用，后来他将该方法用在阿波罗飞船的导航计算机上。这些历史成绩源自 Kalman 当初乘火车从普林斯顿大学返回 Baltimore 途中的一个突发奇想：为什么不把状态变量的概念应用到 Wiener-Kolmogorov 滤波问题中呢？下面就是两步重要的过程，标志着一项伟大实践的开始。

图 1.3   Rudolf Emil Kalman，匈牙利裔美国电气工程师、数学家、发明家
（资料来自维基百科）

（1）Wiener-Kolmogorov 模型采用频域 PSD 来表征动态过程的动态和统计特性。最优 Wiener-Kolmogorov 估计子是可以从 PSD 中导出来的，而 PSD 可以利用测量系统的输出估计出来。这要求假设动态系统过程模型是时不变的。

（2）控制论的学者采用线性微分方程作为动态系统的模型，导致发展混合模型的出现。其中动态系统起到由白噪声作为激励的"成型滤波器"的作用。线性微分方程的系数决定输出 PSD 的形状，PSD 的形状定义 Wiener- Kolmogorov 估计子。这种方法允许动态系统模型是时变的。这些线性微分方程的模型可以通过所谓的状态空间表示为一阶微分方程组。

顺着以上两个发展历程，下一步是根据时变状态空间模型得到等效的估计方法。这正是 Kalman 所完成的工作。在此期间的另一个成就就是 Kalman 和布西（R.S.Bucy）证明，即使动态系统不稳定，Raccati 方程也具有稳定的（稳态）解，只要该系统是可观测、可控的。加上有限维的假设，Kalman 推导出了 Wiener-Kolmogorov 滤波器（即现在所谓的 Kalman 滤波）。在引入状态空间的理论以后，推导过程中所需要的数学基础就变得简单多了，其证明所用的数学知识也在许多本科生的数学知识范围内。

1960 年，Kalman 提出了离散系统 Kalman 滤波。1961 年，他又与布西（R.S.Bucy）合作，把这一滤波方法推广到连续时间系统中，从而形成 Kalman 滤波设计理论。这种滤波方法采用与 Wiener 滤波相同的估计准则。二者的基本原理是一致的。但是，Kalman 滤波是一种时域滤波方法，采用状态空间方法描述系统，算法采用递推形式，数据存储量小，不仅可以处理平稳随机过程，也可以处理多维和非平稳随机过程。

正是由于 Kalman 滤波具有以上其他滤波方法所不具备的优点，因此 Kalman 滤波理论一经提出即被立即应用到工程实际当中。Kalman 滤波是动态过程模型和相关最优估计方法发展的巅峰，已被广泛应用。例如，阿波罗登月计划和 C-5A 飞机导航系统，就是 Kalman 滤波早期应用中最成功的实例。随着电子计算机的迅速发展和广泛应用，Kalman 滤波在工程实践中特别是在航天空间技术中迅速得到应用。目前 Kalman 滤波理论作为一种最重要的最优估计理论被广泛应用于各领域，如惯性导航、制导系统、全球定位系统、目标跟踪系统、通信与信号处理、金融等。

1.3.5　Kalman 滤波衍生算法

Kalman 最初提出的滤波基本理论只适用于线性系统，并且要求观测方程也必须是线性的。在此后的多年间，Bucy 等人致力于研究 Kalman 滤波理论在非线性系统和非线性观测下的扩展 Kalman 滤波（Extended Kalman Filter，EKF），扩展了 Kalman 滤波的适用范围。扩展 Kalman 滤波是一种应用广泛的非线性系统滤波方法。这种滤波的思想是将非线性系统一阶线性化后，利用标准 Kalman 滤波解决问题，存在的问题是线性化过程会带来近似误差。

1999 年，S.Julier 提出无迹 Kalman 滤波（Unscented Kalman Filter，UKF），中文释义还有无损 Kalman 滤波或去芳香 Kalman 滤波。它是以 UT 变换为基础，采用 Kalman 线性滤波的框架，摒弃了对非线性函数进行线性化的传统做法。对于一步预测方程，使用 UT 变换来处理均值和协方差的非线性传递，就成为 UKF 算法。UKF 无须像 EKF 那样要计算 Jacobian 矩阵，无须忽略高阶项，因而计算精度较高。

Kalman 滤波虽然应用范围广泛，设计方法也简单易行，但必须在计算机上执行。随着微型计算机的普及应用，人们对 Kalman 滤波的数值稳定性、计算效率、实用性和有效性的要求越来越高。由于计算机的字长有限，计算中的舍入误差和截断误差累积、传递会造成误差方差阵失去对称正定性，造成数值不稳定。在 Kalman 滤波理论的发展过程中，为改善 Kalman 滤波算法的数值稳定性并提高计算效率，人们提出平方根滤波、UD 分解滤波等一系列数值鲁棒的滤波算法。

传统的 Kalman 滤波是建立在模型精确和随机干扰信号统计特性已知基础上的。对于一个实际系统，往往存在模型不确定性或干扰信号统计特性不完全已知等因素。这些不确定因素使得传统的 Kalman 滤波算法失去最优性，估计精度大大降低，严重时会引起滤波发散。近些年，人们将鲁棒控制的思想引入滤波中，形成了鲁棒滤波理论，比较有代表性的是 H_∞ 滤波。

信息融合和神经网络也有其他的许多优点，与 Kalman 滤波的结合在控制和估计领域内也同样是一个重要的发展方向。

以上介绍了 Kalman 滤波的发展过程，相信随着科技的不断发展进步，其理论将不断完善，应用领域也将更加广泛。

1.3.6 粒子滤波

Kalman 滤波及其衍生滤波器受限于系统噪声的分布为高斯分布，不能用在非高斯分布的场景，即在处理有色噪声时，Kalman 滤波及其衍生滤波器会显得乏力或者需要借助某些处理。这个问题在一段时间内一直困扰着这个领域的研究者。随着个人计算机的普及、PC 计算能力的提升，滤波算法有了新的进展。1993 年，Gordon 等人提出了一种全新的方法解决非线性非高斯贝叶斯状态估计问题，后来被称为粒子滤波（Particle Filter，PF）。

粒子滤波无须假设系统的状态方程为线性，也无须要求系统的过程噪声或者观测噪声为高斯分布，即噪声可以是任意分布。它通过一组随机样本点（粒子集合）来近似系统随机变量的概率密度函数，以样本均值代替积分运算，从而获得状态的最小方差估计。粒子滤波的粒子集合根据贝叶斯准则进行适当的加权和递归传播。粒子集合加权平均之后的结果，便是滤波器的状态更新，即滤波结果。

粒子滤波的历史追溯，要从 20 世纪 40 年代 Metropolis 等人提出的蒙特卡罗方法（Monte Carlo Method）开始。20 世纪 70 年代，蒙特卡罗方法首次用于解决非线性滤波问题，当时使用的是一种序贯重要性采样算法。粒子滤波的正式建立应归功于 Gordon、Salmond 和 Smith 所提出的重采样（Resampling）技术。几乎同时，一些统计学家也独立地发现和发展了采样-重要性重采样思想（Sampling-Importance Resampling，SIR）。该思想最初由 Rubin 于 1987 年在非动态的框架内提出。20 世纪 90 年代中期，粒子滤波被重新发现并成为热点应部分归功于科学计算机计算能力的提高。

粒子滤波也存在粒子集合退化的问题，即粒子的权值方差会随着时间推移而不断增加，经过若干次迭代，除了少数粒子，其他粒子的权值会小到可以忽略不计，导致粒子多样性的散失，最终导致滤波发散。2000 年前后，各种改进的粒子滤波算法不断涌现。例如，有借助扩展 Kalman 滤波和无迹 Kalman 滤波产生粒子集合的建议密度的，于是就有了 EPF 和 UPF。

粒子滤波和 Kalman 滤波的重要性，在自动控制领域可以类比牛顿的三大定律。它们都是贝叶斯滤波的不同表述和推广。对粒子滤波更详细的叙述及其应用介绍，请阅读《粒子滤波原理及应用》，在此并不做展开论述。

1.4　Kalman 滤波的应用领域

Kalman 滤波是数学工程的伟大发现之一，通过数学模型来解决工程实际问题。这与利用数学物理来解决物理问题，或者与利用计算数学来解决计算机程序的效率和精度问题是类似的。Kalman 滤波的应用领域虽然涉及方方面面，但作为一种数学工具，几乎只有两个用途：状态估计和性能分析。

动态系统的状态估计，是 Kalman 滤波最常见的应用。任何一个系统，都可以被看成一个动态系统，大到宇宙行星轨道，小到原子和分子的运行轨迹，几乎每时每刻都在随时间的推移而发生状态改变。在宇宙中几乎很少有事物是真正永恒不变的。我们说恒星不变不动，指的是在短时期内用肉眼观察时，完全看不出它们的变动。实际上，许多恒星都运动得很快，速度可以达到每秒几公里、几十公里甚至几百公里。几乎所有的物理系统在一定程度上都是变化的。如果希望非常精确地估计其随时间变化的特征，则需要考虑其动态变化的因素。受限于观测手段或者观测工具的精度不足，人们并不总是能够非常准确地掌握其动态变化。例如，恒温箱受电压高低、当地气候的影响总是难以保持稳定的温度。对于未知的状态，以达到比较准确地表达未知因素来衡量，能够采取的最好补救措施便是用概率统计的方法。Kalman 滤波就是利用这种统计信息，根据某种类型的随机行为对动态系统的状态进行估计。

动态系统的状态估计应用场景举例见表 1.1。工业生产线的过程控制，如温度、压力、流速、电压、电流和电阻等的测量；预警系统中的洪水水位、台风路径预测及其他自然灾害的估计；目标定位跟踪中的雷达测距、目标探测，3D 加速度陀螺仪等的状态估计，水下声呐探测等；卫星导航中的 GPS、北斗和航天器发射及遥测跟踪等；计算机视觉中基于图像的故障诊断、视频目标跟踪等都需要用到 Kalman 滤波。

表 1.1 动态系统的状态估计应用场景举例

应用场景	动态系统	传感器类型
化工	过程控制	压力、温度、流速、PH
电力电网	电力系统	电压、电流、功率
气象预报	水、雨和风等监测	水位、雨量、气象雷达
军事	目标跟踪	雷达、声呐
卫星	导航	GPS、陀螺仪、加速度计
图像处理	视频监控	摄像机

被估计系统的性能分析是 Kalman 滤波的另一重要应用，如传感器测量精度、好坏程度如何评估等。Kalman 滤波可以用来估计误差概率分布的参数特性，进而评估传感器的性能，从而设计出某些传感器的性能准则。这些性能准则往往又与生产成本息息相关。与传感器出厂设置有关的参数及性能估计准则如下：

（1）采用传感器的类型。

（2）各种类型的传感器相对于被估计系统的位置和方向。

（3）对传感器允许的噪声特征。

（4）对传感器噪声进行平滑处理的预滤波方法。

（5）各种类型传感器的采样率。

（6）为降低成本同时满足需求，指导建立最优的模型。

Kalman 滤波的性能分析应用还体现在允许系统设计人员为估计系统的各子系统分配"误差预算"，并且对预算分配进行权衡，以便在实现所需估计精度的条件下，使代价成本或者其他性能指标达到最佳。

参 考 文 献

[1] Mohinder S. Grewal Angus P. Andrews. 卡尔曼滤波理论与实践（MATLAB 版）（第四版）[M]. 刘郁林，陈绍荣，徐舜，译. 北京：电子工业出版社，2017.

[2] Charles K. Chui Guanrong Chen. 卡尔曼滤波及其实时应用（第 5 版）[M]. 戴洪德，李娟，戴邵武，周绍磊，译. 北京：清华大学出版社，2017.

[3] Dan Simon. 最优状态估计——卡尔曼，H_∞ 及非线性滤波[M]. 张勇刚，李宁，奔粤阳，译. 北京：国防工业出版社，2013.

[4] 黄小平，王岩，缪鹏程. 粒子滤波原理及应用——MATLAB 仿真[M]. 北京：电子工业出版社，2017.

[5]　黄小平，王岩，缪鹏程. 目标定位跟踪原理及应用——MATLAB 仿真[M]. 北京：电子工业出版社，2018.

[6]　秦永元，张洪钺，汪叔华. 卡尔曼滤波与组合导航原理（第 3 版）[M]. 西安：西北工业大学出版社，2015.

[7]　Gordon N,Salmond D. Novel Approach to Non-lineal and Non-Guassian Bayesian State Estimations[J]. Proc of Institute Electric Engineering,1993,140 (2):107-113.

[8]　Liu J S,Chen R. Sequential Monte-Carlo Methods for Dynamic Systems[J]. Journal of the American Statistical Association,1998,93(443):1032-1044.

[9]　陈金广，马丽丽. 非高斯系统下卡尔曼滤波算法误差性能分析[J]. 电光与控制，2010,17(09):30-33.

[10] 吉训生，姜晓卫，夏圣奎. 基于 LSTM-Kalman 模型的蛋鸡产蛋率预测方法[J]. 浙江农业学报，2021,33(9):1730-1740.

[11] 金亚兵，杨傲. 基于 Kalman 滤波模型的边坡灾害自动化监测预警平台[J]. 工程勘察，2021,49(08):55-60.

[12] 何锋，王文亮，蒋雪生，张小秋. 双扩展卡尔曼滤波法估计锂电池组 SOC 与 SOH[J]. 农业装备与车辆工程，2021,59(07): 37-40+61

[13] 郑彦虎，唐云，张澎，闵宇航. 多尺度卡尔曼滤波语音增强算法研究[J]. 信息技术，2021,(07): 20-25+30.

[14] 陈洋，黄孝慈，吴训成. 基于改进卡尔曼滤波的车道线与车辆跟踪系统算法研究[J]. 计算机与数字工程，2021,49(07): 1363-1366+1395.

[15] 周晓，李晴. 卡尔曼滤波在预测管廊甲烷体积分数中的应用[J]. 浙江工业大学学报，2021,49(04): 392-396.

[16] 张杰，李婧华，胡超. 基于容积卡尔曼滤波的卫星导航定位解算方法[J]. 中国科学院大学学报，2021,38(04): 532-537.

[17] 周平，杨启良，李加念，杨具瑞，韩焕豪. 基于卡尔曼滤波的降雨起止时间手机远程监测装置研制[J]. 农业工程学报，2021,37(02): 196-208.

[18] 王守华,陆明炽,孙希延,纪元法,胡丁梅. 基于无迹卡尔曼滤波的 iBeacon/INS 数据融合定位算法[J]. 电子与信息学报，2019,41(09)：2209-2216.

[19] 靳标，李建行，朱德宽，郭交，苏宝峰. 基于自适应有限冲激响应-卡尔曼滤波算法的 GPS/INS 导航[J]. 农业工程学报，2019,35(03): 75-81.

第 2 章　MATLAB 编程基础

MATLAB 是美国 MathWorks 公司出品的商业数学软件,是用于算法开发、数据可视化、数据分析以及数值计算的高级技术计算语言和交互式环境,主要包括 MATLAB 和 Simulink 两大部分。经过多年的发展和多个版本的升级,如今 MATLAB 的功能已经非常强大,是当今最流行的计算机仿真软件之一。

有一定编程基础的读者可以跳过本章,直接学习第 3 章。

2.1　MATLAB 简介

2.1.1　MATLAB 发展历史

MATLAB 的产生是与数学计算紧密联系在一起的。1980 年,美国新墨西哥州大学计算机系主任 Cleve Moler 在给学生讲授线性代数课程时,发现学生在高级语言编程上花费很多时间,于是着手编写供学生使用的 Fortran 子程序库接口程序,取名为 MATLAB(MATrix LABoratory 中每个单词前三个字母的组合,意思为"矩阵实验室")。这个程序获得了很大的成功,受到学生的广泛欢迎。

20 世纪 80 年代初,Moler 等一批数学家与软件专家组建了 MathWorks 软件开发公司,继续从事 MATLAB 的研究和开发,于 1984 年推出第一个 MATLAB 商业版本,其核心是用 C 语言编写的。然后,MATLAB 又增加了丰富多彩的图形图像处理、多媒体、符号运算,以及其他流行软件的接口功能。至此,MATLAB 的功能逐渐强大。

具有划时代意义的是在 1992 年,MathWorks 公司正式推出 MATLAB 1.0 版本,到了 1999 年,MATLAB 5.3 版本进一步改进了原有功能,同时 Simulink 3.0 版本也达到较高水准。2000 年 10 月,MATLAB 6.0 版本被推出,无论是在操作界面,还是在程序发布窗口、历史信息窗口和变量管理窗口上,操作和使用都给用户提供了极大方便。2001 年,MathWorks 公司又推出了 MATLAB 6.1 版/Simulink 4.1 版,其虚拟现实工具箱为仿真结果在三维视景下显示带来了新的解决方案;2003

年 6 月推出了 MATLAB Release 13，即 MATLAB 6.5/Simulink 5.0，在核心数值算法、界面设计、外部接口和应用等诸多方面有极大改进；2004 年正式推出 MATLAB Release 14，即 MATLAB 7.0/Simulink 6.0，一个具有里程碑意义的版本。此后，几乎每年的 3 月和 9 月，MathWorks 公司都会推出当年的 a 版和 b 版。目前的最新版本是 MATLAB 2021a。MATLAB 的主要版本见表 2.1。有一个不正确的认知就是，认为 b 版比 a 版更稳定一些，其实 a 版和 b 版没什么区别，a 版并非试用版或相对不稳定的版本。

表 2.1　MATLAB 的主要版本

版本	建造编号	发布时间
MATLAB 1.0		1984
MATLAB 2.0		1986
MATLAB 3.0		1987
MATLAB 4.0		1990
MATLAB 4.2c	R7	1994
MATLAB 5.1	R9	1997
MATLAB 6.0	R12	2000
MATLAB 7.1	R14SP3	2005
MATLAB 7.10	R2010a	2010.3.5
MATLAB 8.1	R2013a	2013.3.7
MATLAB 8.2	R2013b	2013.9.9
MATLAB 9.0	R2016a	2016.3
MATLAB 9.1	R2016b	2016.9
MATLAB 9.10	R2021a	2021.3

MATLAB 是目前国际上最流行的科学计算与工程仿真软件工具之一。现在的 MATLAB 已经不仅仅是过去的"矩阵实验室"了，已经成为具有广泛应用前景的、全新的计算机高级语言，可以说是"第四代"计算机语言。自 20 世纪 90 年代以来，美国和欧洲各国已将 MATLAB 正式列入研究生和本科生的教学计划，MATLAB 软件已经成为应用代数、自动控制理论、数理统计、数字信号处理、时间序列分析和动态系统仿真等课程的基本教学工具，成为学生所必须掌握的基本软件之一。在研究所和工业界，MATLAB 也成为工程师们必须掌握的一种工具，被认为是进行高效研究与开发的首选软件工具。

2.1.2　MATLAB 使用简介

自 MATLAB 6.5 版本以后，各版本之间的界面风格都很相似，操作原理也大同小异。无论采用哪一个版本，使用及操作都不会有很大的变化。本书采用的是于 2017 年 3 月发布的 MATLAB 9.2 版本，即 R2017a。在安装过程中，如果操作系统是 Windows 7 及其以上的操作系统版本，那会很顺利；如果用的是 Windows Vista 及其更低版本的操作系统，那么在安装好并运行 MATLAB 软件时，会出现如图 2.1 所示的系统启动错误。

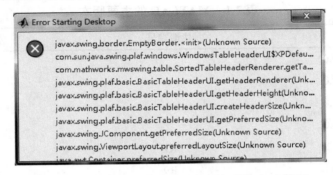

图 2.1　运行 MATLAB 软件时的系统启动错误

这是由于操作系统版本过低。请右击桌面上的 MATLAB 快捷图标，或者单击"开始"→"所有程序"中找到 MATLAB 后单击"属性"，弹出如图 2.2 所示对话框，勾选"以兼容模式运行这个程序"，在下拉列表框中选择 Windows Vista 或更高版本的系统即可，单击"确定"按钮。重新运行后，就能正常启动和使用 MATLAB 了。

MATLAB R2017a 的系统界面如图 2.3 所示，与之前的 9.0 版、8.0 版系统界面相差无几。系统界面主窗口包括主菜单、工具栏、当前目录（Current Directory）窗口、工作空间（Workspace）窗口、命令历史（Command History）窗口、命令窗口（Command Window）等。最核心的是命令窗口。经常在移动各窗口时会发生窗口布局紊乱，如果想恢复默认布局，可以单击主菜单 Desktop→Desktop Layer→Default。

在命令窗口，可以执行 MATLAB 的语句指令。例如，想得到 $\sin(\pi/4)$ 的值，可以在命令窗口输入 sin(pi/4)，得到的结果如下：

```
>> sin(pi/4)
ans = 0.7071
```

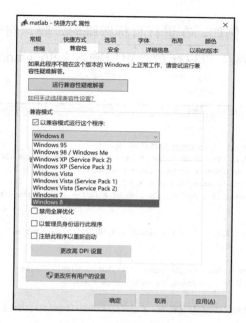

图 2.2 兼容模式设置

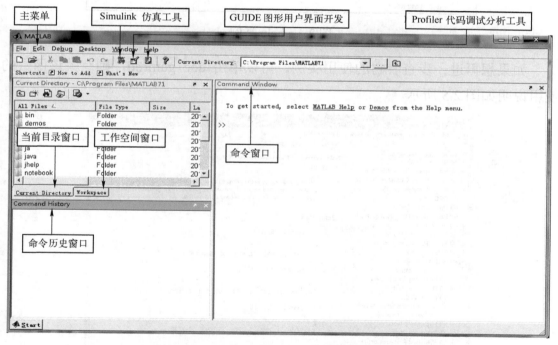

图 2.3 MATLAB R2017a 的系统界面

另外，如果遇到任何不懂的函数，可以直接在命令窗口输入 help 查看该函数的功能和实例。通过 help 查阅 MATLAB 的文档说明，是每一个初学者快速掌握

MATLAB 的有效方法。例如，在进行目标跟踪时，噪声符合伽马分布，那么如何用这个伽马分布的函数呢？可以在命令窗口输入 help gamrnd，得到如图 2.4 所示的帮助。

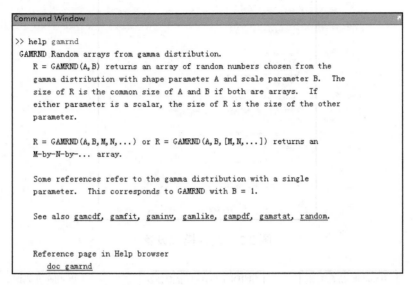

图 2.4　help 举例

如果想再进一步查看它的使用实例，可以单击 doc gamrnd，则有关该函数的使用说明如图 2.5 所示。

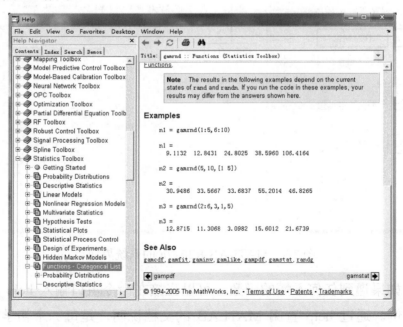

图 2.5　函数使用说明举例

关于 MATLAB 的使用，如果你是初学者，建议你关注 MATLAB 中文论坛——https://www.ilovematlab.cn/，如图 2.6 所示。

图 2.6　MATLAB 中文论坛

2.1.3　M 文件编辑器的使用

当用户要运行的指令较多时，总不能一直在命令窗口调试，那样无法修改，且太费时间了。MATLAB 的 M 文件编辑器能解决这一问题，用户可以将一组相关的指令编辑在同一个 ASCII 码命令文件中，即所谓的编程。在主菜单下面，第一个快捷工具□即为新建一个 M 文件，单击它可以建立一个未命名的 M 文件，另外也可以通过单击主菜单 File→New→M-File 建立一个新的文档。M 文件编辑器包含主菜单、工具栏、代码编辑窗口等，如图 2.7 所示。

现在开始写第一个 MATLAB 程序。按照上述方法，创建一个 M 文件，在代码编辑窗口中输入以下程序。

```
%%%%%%%%%%%%%%%%%%%%%%%%%%%%%%%%%%%%%%%%%%%%%%%%%%%%%%%%%%
% 程序说明：第一个 M 程序，做简单的数值计算、输出、画图
%%%%%%%%%%%%%%%%%%%%%%%%%%%%%%%%%%%%%%%%%%%%%%%%%%%%%%%%%%
% 数值计算，语句结束不加分号，可以在命令窗口查看结果
value=sin(pi/4)+cos(1)+log(2)
```

```
% 在命令窗口输出文本
disp('Hello World');
% 画一个正弦函数
t=0:0.5:2*pi;
y=sin(t);
plot(t,y,'-ko','MarkerFace','g')
```

图 2.7　M 文件编辑器

代码输入完毕，首先按 Ctrl+S 键或者单击 M 编辑器的保存按钮，把 M 文件命名为 example1_1.m，然后单击工具栏中的运行程序（Run）按钮，运行结果如图 2.8 所示。

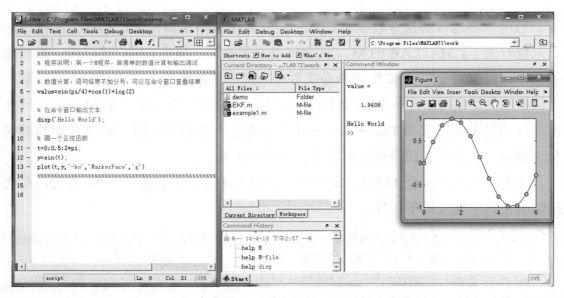

图 2.8　程序运行结果

2.2　数据类型和数组

本节重点介绍 MATLAB 内置的数据操作方法：首先介绍数据的类型，接着重点介绍数值类型，然后介绍 MATLAB 最重要的数组。数组的概念和操作是本节的重点，希望读者熟练掌握。

2.2.1　数据类型概述

MATLAB 中有 15 种基本的数据类型，分别是 8 种常规数据类型（int8、uint8、int16、uint16、int32、uint32、int64、uint64）、单精度浮点数、双精度浮点数、逻辑数据类型、字符串类型、元胞数组、结构体、函数句柄，见表 2.2。另外，为了和高级语言交叉编译，MATLAB 有用户自定义的面向对象的用户类型和 Java 类型。

表 2.2　MATLAB 中的数据类型

数据类型	示　例	说　　明
int8、uint8 int16、uint 16 int32、uint 32 int64、uint 64	a=uint16(8000) b=int8(123.5)	① 有符号和无符号的整数类型。 ② 大部分整数类型占用比浮点类型更少的内存空间。 ③ 除了 int64 和 uint64 类型的所有整数类型，都可以用于数学计算
single	single(383.21)	① 单精度浮点类型。 ② 和双精度类型相比，占用内存空间少
double	123.45 4+1.234i	① 双精度浮点类型。 ② 比单精度浮点类型表示范围广，是 MATLAB 默认的数据类型
logical	a=randn>0.5	① 逻辑数据类型。 ② 如果 randn 的值大于 0.5，则 a 得到的是逻辑值 1，否则为 0
char	'Hello World !'	字符串类型
cell array	A{1,1}='Jack' A{1,2}=25 A{1,3}=[1,2;3,4]	① 元胞数组类型。 ② 数组元素可以是不同的数据类型
structure	station.id=123 station.x=100 station.y=120	① 结构体类型。 ② 有 C 语言基础的读者不难理解，它与 C 语言中的结构体类似，可以存储多种类型的数据
函数句柄	@sin	函数句柄，相当于一个指针

这 15 种基本数据类型都是按照数组形式在内存中存储和操作的。8 种常规数据类型，可以简单概括为"整数"。单精度和双精度浮点类型数据可以简单概括为"小数"。在这两种数据类型之间有时会出现互相转换。下面通过几个例子说明它

们之间的转换。

【例 2.1】 将浮点数 128.4 转换为整数。

方法 1：a=int8(128.4)，结果为 a=127，高位溢出。因为 128.4 超出了 int8 的表示范围（$-2^7 \sim 2^7$），这时候请用 a=int16(128.4)，则 a=128。

方法 2：利用向最接近的整数靠近取整 round()函数，即 a=round(128.4)，得到 a=128。因为小数部分是 0.4<0.5，使用该函数时，小数部分大于等于 0.5，则舍弃小数部分，整数部分加 1，如 round(128.5)=129。

方法 3：利用向 0 取整函数 fix(x)，即 a=fix(128.4)，结果为 a=128。fix(-128.4)=-128。

方法 4：利用向不大于 x 的最接近整数取整 floor(x)。floor(128.4)=128，floor(-128.4)=-129，请注意与 fix(x)函数的区别。

方法 5：利用向不小于 x 的最接近整数取整 ceil(x)。ceil(128.4)=129，ceil(-128.4)=-128。请注意与 floor(x)的对比。

2.2.2　数组的创建

按照数组元素的个数和排列方式，MATLAB 中的数组可以分为以下几种。

（1）没有元素的空数组（empty array）。

（2）只有一个元素的标量（scalar），实际上是一行一列的数组。

（3）只有一行或者一列元素的向量（vector），分别叫作行向量和列向量，也统称为一维数组。

（4）普通的具有多行多列的二维数组。

（5）超过二维的多维数组。

【例 2.2】 创建一个空数组 A。

```
>> A=[]   % 矩阵右边是一个方括号包围的空矩阵
```

【例 2.3】 创建一个一维的数组 A。

方法 1：A=[1,2,3,4,5]

方法 2：A=ones(1,5)，结果为

```
A =
     1     1     1     1     1
```

方法 3：通过冒号来创建。

```
>>A = 1:5
A =
     1     2     3     4     5
```

【例 2.4】　创建一个二维数组 A。

方法 1：A = [1 2 3;4,5,6;7 8 9]。注意元素之间可以用空格隔开，也可以用逗号隔开，同时分行符号必须用分号。

方法 2：A=zeros(3,3)、A=ones(3,3) 等。创建一个 3 行 3 列的，每个元素为 0 或者 1 的元素。

方法 3：A=[1:3;linspace(4,6,3);7 8 9]，在命令窗口的运行结果如下。

```
A =
     1     2     3
     4     5     6
     7     8     9
```

冒号的作用，如 1:N 表示的意思是从 1 开始，每次增加 1 直到 N。若指定增长步长，如 1:2:N，则表示从 1 开始每次增加 2，一直到小于等于 N 的最大整数。例如，在命令行输入 1:2:10 后得到以下结果。

```
>> 1:2:10
ans =     1     3     5     7     9
```

linspace(start,stop,n) 函数的作用是产生一个从 start 开始的，最后一个是 stop 的等差数列，公差为 (stop-start)/(n-1)。

【例 2.5】　创建一个三维数组。

无法通过直接赋值创建三维或者更高维的数组，需要通过指定索引把二维数组扩展成多维的，或者通过 MATLAB 内部的函数，如 ones()、zeros()、cat() 等。

方法 1：通过索引将二维数组扩展成多维数组。

```
A=zeros(2,2,3)          % 定义一个三维数组 A 并将其所有元素初始化为 0
A(:,:,1)=[1,2;3,4]      % 将阵列 1 赋值一个 2 行 2 列的矩阵
A(:,:,2)=[5,6;7,8]      % 将阵列 2 赋值一个 2 行 2 列的矩阵
A(:,:,3)=[9,10;11,12]   % 将阵列 3 赋值一个 2 行 2 列的矩阵
```

在这里，冒号所在的位置表示该维的全部索引。例如，A(:,:,1) 表示阵列 1 的所有行（2 行）和所有列（2 列）。

方法 2：用 cat()函数创建。

```
A=[1,2;3,4];
B=[5,6;7,8];
C=cat(3,A,B) %  按照第 3 维将 A 和 B 连接起来
```

最后，请读者注意，在创建任何一个数组时，建议先用 zeros()函数初始化，然后对各元素值赋值。

2.2.3　数组的属性

MATLAB 中提供了大量的函数，用于返回数组的各种属性，包括数组的排列结构、数组的尺寸大小、维度、数组数据类型，以及数组在内存中占用的空间情况等。本节通过例子重点介绍数组的尺寸大小和维度的获取方法。

【例 2.6】　获取任意一个数组大小的 size()函数。

```
>> A=[]; %  空数组
>> size(A)
ans =
      0       0            %  表示 0 行 0 列
>> B=[1,2,3;4,5,6];        %  2 行 3 列的数组
>> size(B)
ans =
      2       3            %  size()的返回值，表示 2 行 3 列
```

可见 size(A)函数得到的是数组的行和列。另外也可以用 length(A)函数，当 A 是一维数组时，length(A)返回的是 A 数组的元素个数；当 A 是二维数组时，length(A)返回 size(A)得到的行和列中较大的那个值。

【例 2.7】　用 length 获得矩阵 A 的每一维度的元素个数。

```
>> A=randn(3,4,5,2);      %  用随机函数产生了一个四维数组
>> n1=length(A(:,4,5,2))  %  返回第 1 维的长度
n1 = 3
>> n2=length(A(3,:,5,2))  %  返回第 2 维的长度
n2 = 4
>> n3=length(A(3,4,:,2))  %  返回第 3 维的长度
n3 = 5
>> n4=length(A(3,4,5,:))  %  返回第 4 维的长度
n4 = 2
```

【例 2.8】 获得数组的维度。

空数组、单个元素、一维数组，在 MATLAB 里都被视为二维数组，因为它们都至少具有两个维度（至少具有行和列两个方向）。获取数组的维度用 ndims() 函数。

```
>>A=[];
>> ndims(A)            % A 为空数组，返回为 2，可见至少是二维的
ans =2
>> A=zeros(2,3);       % A 为二维数组，返回值为 2
>> ndims(A)
ans =2
>> A=randn(2,2,3);     % A 为三维数组，返回值为 3
>> ndims(A)
ans =3
```

2.2.4　数组的操作

数组的操作主要有对数组的索引和寻址，数组的裁剪和元素删除，数组形状的改变，数组的运算，以及数组元素的排序等。下面通过例子来讲解数组的主要操作方法。

【例 2.9】 对数组元素的索引和寻址。

```
>> A=rand(3,4)      % 用随机分布函数产生一个 3 行 4 列的数组
A =
      0.9501      0.4860      0.4565      0.4447
      0.2311      0.8913      0.0185      0.6154
      0.6068      0.7621      0.8214      0.7919
>> A(2,3)           % 双下标索引访问的数组的第 2 行第 3 列的元素
ans =0.0185
>> A(3)             % 单下标索引第 3 个元素（第 3 行第 1 列元素），默认为列方向开始
ans =0.6068
>> A(4)             % 单下标索引第 4 个元素（第 1 行第 2 列元素），默认为列方向
ans =0.4860
>> A(1:2)           % 单下标索引第 1 到第 2 个元素，默认为列方向
ans =0.9501      0.2311
>> A(2,1:3)         % 双下标索引第 2 行，第 1 到 3 列元素
ans =0.2311      0.8913      0.0185
>> A(:,[1,3,4])     % 双下标索引，所有行的第 1、3、4 列
```

```
ans =
    0.9501    0.4565    0.4447
    0.2311    0.0185    0.6154
    0.6068    0.8214    0.7919
```

【例 2.10】 对数组元素的裁剪和删除。

```
>> A=magic(6)    % 产生 6*6 的魔方数组
A =
    35     1     6    26    19    24
     3    32     7    21    23    25
    31     9     2    22    27    20
     8    28    33    17    10    15
    30     5    34    12    14    16
     4    36    29    13    18    11
>> B=A(1:2,1:2:5)    % 提取数组 A 第 1 到 2 行的 1、3、5 列赋给 B
B =
    35     6    19
     3     7    23
>> C=A(1,[2,4,6])    % 将数组 A 的第一行中第 2、4、6 列元素赋给 C
C =
     1    26    24
>> D=A(3:8)    % 将数组 A 的第 3 到 8 元素赋给 D
D =
    31     8    30     4     1    32
>> A([2,4,5,6],:)=[]    % 将 A 数组的 2、4、5 、6 行删除
A =
    35     1     6    26    19    24
    31     9     2    22    27    20
>> B=[1 2;3 4];
A=[A B]    % 数组的扩展，将 B 数组添加到 A 数组的后面
A =
    35     1     6    26    19    24     1     2
    31     9     2    22    27    20     3     4
```

【例 2.11】 数组的转置。

MATLAB 中进行数组转置最简单的是通过转置操作符（'）。

```
>> A=[1 2;3 4]
>> A'
```

```
ans =
    1    3
    2    4
```

【例 2.12】　数组的加减乘除运算。

```
>>A=[1 2 3;4 5 6;7 8 9]
>>B=diag([3 2 1])
>>A-B    % 数组的减法运算
ans =
   -2    2    3
    4    3    6
    7    8    8
>>A+B    % 数组的加法运算
ans =
    4    2    3
    4    7    6
    7    8   10
>>A*B    % 数组的乘法运算
ans =
    3    4    3
   12   10    6
   21   16    9
>>A^3    % 数组的幂运算
ans =
         468         576         684
        1062        1305        1548
        1656        2034        2412
>>A/B        % 数组的除法运算
ans =
    0.3333    1.0000    3.0000
    1.3333    2.5000    6.0000
    2.3333    4.0000    9.0000
>>A*inv(B)    % 与 A/B 运算是等价的
ans =
    0.3333    1.0000    3.0000
    1.3333    2.5000    6.0000
    2.3333    4.0000    9.0000
```

【例 2.13】 数组的排序。

```
>> A=rand(1,5)
A =
    0.4447    0.6154    0.7919    0.9218    0.7382
>> sort(A)
ans =
    0.4447    0.6154    0.7382    0.7919    0.9218
```

默认情况下，sort()函数对数组按照升序排列。读者可以利用 help sort 命令查看 sort()函数的其他排序方式的使用方法。

数组是 MATLAB 中各种变量存储和运算的通用数据结构。希望读者重点掌握，对今后的编程非常有帮助。

2.2.5 结构体和元胞数组

本节介绍 MATLAB 中两种复杂的数据类型：结构体（Structure）和元胞数组（Cell Array）。这两种类型类似数组，都可以存储不同类型的数据，在程序中应用广泛。本节主要介绍这两种数据类型的创建、内部数据的索引寻址以及与其相关的操作函数。

1. 结构体

结构体的创建有两种方法：直接采用赋值语句给结构体的字段赋值；通过结构体创建函数来创建。

【例 2.14】 通过对字段赋值创建结构体。

```
station.name='s1';
station.x=100;
station.y=120;
```

通过"结构体名称.字段名称"的形式对结构体创建和赋值。例 2.14 中创建了一个基站（station）结构体，并将名称（name）字段赋值为's1'，将基站的坐标（x,y）设为（100,120）。同理，可以创建如下结构体数组：

```
station(1).name='s1'，station(1).x=100，station(1).y=120;
station(2).name='s2'，station(2).x=101，station(2).y=121;
station(3).name='s3'，station(3).x=102，station(3).y=123;
```

　　这里采用对结构体数组分别赋值法，创建了一个含有 3 个元素的结构体数组，每个结构体对象都有名称和坐标属性。如果要获取它们的数值，如要得到其中一个结构体的 x 坐标，可以如下将其直接赋给某个变量。

```
xx= station(1).x
```

【例 2.15】　通过 struct 创建结构体。

```
>> StationGroup=struct('name',{'s1','s2','s3'},'x',{100,101,102},
'y',{120,121,122})
```

　　struct(字段名称,字段值,字段名称,字段值,…)，通过该方法创建了一个结构体数组。通过下标索引的方式访问其中一个成员，例如：

```
>> StationGroup(1)
ans =
     name: 's1'
        x: 100
        y: 120
```

【例 2.16】　结构体的嵌套。

```
station.position.x=10;
station.position.y=11;
station.id.newid.n=3;
```

　　可见结构体可以有多个字段，每个字段也可以继续成为结构体，这就是结构体的嵌套。

2．元胞数组

　　创建元胞数组可以通过直接赋值法和 cell 函数法。在元胞数组中，经常要用到花括号{}。它有两种使用方法。

　　（1）花括号用在下标索引上，则出现在赋值语句等号左侧，那么右侧只写索引表示的位置上元胞内的数据，例如：

```
>>A{1,1}=randn(2)     % 直接赋值法创建元胞数组
A =
     [2x2 double]
>>A{1,2}=randn(3)     % 直接赋值法创建元胞数组
```

```
A =
    [2x2 double]      [3x3 double]
>> B=cell(2,2)        % cell 函数法创建元胞数组，相当于创建 2×2 个数据块
B =
    []        []
    []        []
>> B{1,1}=randn(2)    % 索引元胞数组，并对其重新赋值（第 1 数据块）
B =
    [2x2 double]        []
                []        []
```

（2）元胞数组左边是圆括号，那么在赋值时等号右边必须用花括号，如果赋值的元素是数组，需要用方括号，例如：

```
>> A(1,1)={1}      % 注意等号右边为花括号，单个元素可以不用方括号
A =
    [1]
>> A(1,2)={[1 2]}    % 含有多个元素，需要用方括号，表示为一个数组
A =
    [1]      [1x2 double]
>> value=A{1,2}(1,1)      % 索引元胞数组 A 的元素，与数组相似
value =1
```

2.3 程序设计

MATLAB 是一种高效的编程语言，和其他高级语言一样，也提供了循环语句、条件转移语句等一些常规的控制语句，而且与 C 语言的控制语句很相似。

与程序流程控制有关的 MATLAB 关键字有 if、else、end、switch、case、otherwise、for、while、continue、break 等。能熟练掌握这些关键字，对于 MATLAB 编程至关重要。

在 MATLAB 中，注释为"%"，用在任意一条语句后，例如：

```
C=3;  % 这是注释，如果将分号去掉，C 的值会显示在命令窗口
```

2.3.1 条件语句

条件语句主要有 if、switch 语句。if 语句的基本形式是 if-else-end。if 语句可以嵌套多个 elseif 语句。常用 if 语句的格式如下。

```
if 条件表达式 1
    分支语句 1
elseif 条件表达式 2    （elseif 可选）
    分支语句 2
else
    分支语句（默认）
end
```

当条件表达式 1 为真时，执行分支语句 1（否则查看是否满足条件表达式 2，如果该表达式为真，则执行分支语句 2），如果条件表达式为假，则执行默认的分支语句，最后结束。下面举例说明具体的使用。

【例 2.17】　计算 $f(x)=\begin{cases}1 & x<-\pi\\3x & x>\pi\\\sin x & -\pi\leqslant x\leqslant\pi\end{cases}$

```
x=10,fx=0;    % x 可以设置为任意值
if x<(-1)*pi
    fx=1
elseif x>pi
    fx=3*x
else
    fx=sin(x)
end
```

switch 与 case 配合使用。值得注意的是，在 MATLAB 中的 switch 表达式可以是字符串，语句格式如下。

```
switch 表达式（标量或字符串）
    case 值 1
        语句 1
        ……
    case 值 n
        语句 n
    otherwise
        默认语句
end
```

【例 2.18】　输入 2014 年的某个月份，输出该月份的天数。

```
n=4   % 输入 4 月份
switch(n)
    case 2
        result=28
    case 4
        result=30
    case 6
        result=30
    case 9
        result=30
    case 11
        result=30
    otherwise
        result=31
end
```

switch 语句中各分支结束无需用 break 关键词。这点与 C 语言不同，请读者注意。

2.3.2 循环语句

MATLAB 中的循环语句包括 for 循环和 while 循环两种类型。for 循环的基本格式如下。

```
for 循环变量=起始值:步长:终止值
    循环体
end
```

步长默认值为 1，可以在正实数或负实数范围内任意指定。对于正数，循环变量的值大于终止值时，循环结束；对于负数，循环变量的值小于终止值时，循环结束。

【例 2.19】 计算 $\text{sum}=1+2+3+\cdots+n$，$n$=10。

```
sum=0
for n=1:10
    sum=sum+n
end
```

while 循环的格式如下。

```
while 表达式
```

```
    循环体
end
```

如果表达式为真，则执行循环体的内容，执行后再判断表达式是否为真；若为假，则跳出循环体，向下继续执行，否则跳出结束。

【例 2.20】 计算 $sum = 1 + 2 + 3 + \cdots + n$，当 $sum > 100$ 时停止。

```
sum=0;n=0; % 初始化
while sum<=100
    n=n+1
    sum=sum+n
end
```

程序在 $n=14$ 时结束，这时 $sum=105$。

在循环中，常常会用到 continue 和 break 语句。continue 语句表示当次循环不再继续向下执行，而是直接对循环变量进行递增，进入下一次循环。break 语句用于退出循环。

【例 2.21】 从 100 个随机整数（大小为 0～50）中挑出大于 25 的数，并对它们求和，当和大于 150 时可以停止，并打印出挑出的整数。

```
%用 randint 函数产生 1 行 100 列、大小在 0～50 之间的随机整数
A=randint(1,100,[0 50]);     % 调用 randint 函数产生 100 个随机的整数，并赋给 A
sum=0;
B=[];                        % 用于存放大于 25 的数的数组
for i=1:100
    if A(i)<=25
        continue;            % 小于 25 的数，继续下一轮
    else
        sum=sum+A(i);        % 对于大于 25 的数求和
        B=[B A(i)];          % 对于大于 25 的数插在 B 数组的后面，保存
    end
    if sum>150
        break;               % 如果和大于 150，则终止循环
    end
end
% 以下语句不加分号，可以在命令窗口看运行结果
sum
B
```

运行结果如下。

```
sum =   161
B =   48      30      45      38
```

2.3.3 函数

和其他高级语言一样，MATLAB 中的函数可接收输入参数（也可无输入参数），返回输出参数（也可无返回值），定义函数的关键字是 function。定义函数的格式如下。

```
function   [ 输出参数 1,输出参数 2,…] =
函数名(输入参数 1,输入参数 2,…)
```

建议在书写函数时，函数名与 M 文件名保持一致。例如，书写一个主函数，调用 M 文件编辑器，写入如图 2.9 所示代码，保存时，会默认 M 文件名为 main。子函数可以与主函数写在同一个 M 文件中，也可以单独保存为 M 文件。但是在运行时，一定要将它们放在同一工作目录下。

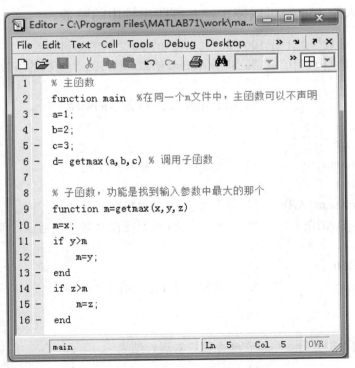

图 2.9 主函数和子函数代码

MATLAB 中有一种函数叫匿名函数。它通常是一行代码能写完的简单函数。与 M 文件一样，匿名函数可以接收多个参数，创建匿名函数的格式如下。

fhandle=@ (参数列表) 表达式

符号@是 MATLAB 中创建函数句柄的操作符，表示创建由输入参数列表和表达式确定的函数句柄，并把这个函数句柄返回给变量 fhandle，这样就可以通过 fhandle 来调用定义好的这个函数了。例如：

```
>> myfun=@(x,y)(x+y^2)
myfun =
    @(x,y)(x+y^2)
>> myfun(1,2)
ans = 5
```

函数句柄实际上提供了一种间接调用函数的方法。MATLAB 提供的各种 M 文件函数和内部函数，都可以创建函数句柄，通过函数句柄对这些函数实现间接调用。创建函数句柄的一般语法格式如下。

fhandle=@function_filename

其中，function_filename 是函数对应的 M 文件的名称或者 MATLAB 内部函数的名称，@是句柄创建操作符，fhandle 是保存函数句柄的变量。例如，fhandle=@sin 就创建了 MATLAB 内部函数 sin 的句柄，并保存在 fhandle 变量中，以后就可以通过 fhandle(x)来实现 sin(x)的功能。读者也可以编写自己的函数，如图 2.10 所示。

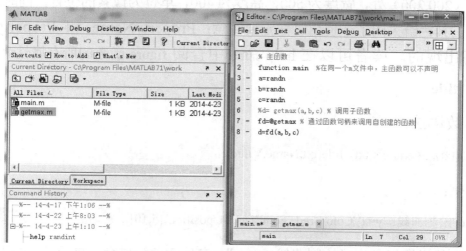

图 2.10　函数句柄的创建和调用举例

图 2.10 中自定义的子函数为 getmax(a,b,c)（函数体与图 2.9 实现内容一致，只是将它单独保存在 M 文件中），通过 fd=@getmax 实现句柄创建，并用 fd(a,b,c)实现调用。

2.4　数据可视化

数据可视化工作非常重要。我们进行的各种计算或者实验结果，都要通过数据可视化工具展现出来。常用的折线图、数据点以及柱形图、饼图等，可以直观和形式多样地展现数据，希望读者重点掌握。

2.4.1　坐标轴设置

为了更好地利用 MALAB 编程对数据可视化的展现设置，我们先了解一下与坐标轴、标题栏等相关的一些常用函数。

1．figure

函数语法：

```
figure('PropertyName',PropertyValue,...)
```

举例：

```
figure('Name','我的第一个视图','Color','yellow','Position',[200,200,500,400],...
'NumberTitle','off','Toolbar','none');
```

这样就设置了一个标题为"我的第一个视图"，背景颜色为黄色，位置在计算机屏幕（200,200）处，宽度为 500，高度为 400，单位为像素的位置。同时把数字标题和工具栏给关闭了。使用时一定要注意：PropertyName 和 PropertyValue 是成对出现的。读者可以在 help 命令中查阅 figure 函数的所有属性名称。

2．title

函数语法：

```
title(txt), title(target,txt), title(txt,Name,Value)
```

举例：

```
title('绘制曲线：y=x','Color','red','FontSize',14,'position',[5,10]);
```

这样就设置标题为"绘制曲线：y=x"，字体颜色为红色，字号为 14 号，位置放在坐标轴的（5，10）的位置。当然标题也可以显示多行，将需要显示的文本放在方括号[]里面，同时借助 newline 换行。

举例：

```
title(['\pi=',num2str(3.14),newline,'\beta=', num2str(2.67)])
```

3．text

函数语法：

```
text(x,y,txt)，text(x,y,z,txt)，text(___,Name,Value)
```

举例：

```
text(2,8,'A Simple Plot','Color','red','FontSize',14);
```

在图中坐标 x=2，y=8 处设置文本"A Simple Plot"，并设置颜色为红色，字号为 14 的文本。

4．axis

（1）设置坐标范围语法：

```
axis([xmin xmax ymin ymax])
```

设置当前图形的坐标范围，分别为 x 轴的最小值、最大值，y 轴的最小值、最大值。此功能非常常用。

（2）自定义坐标刻度语法：

举例：

```
set(gca,'XTick', …)
set(gca,'XTick', []);      % 清除 x 轴的记号点
set(gca,'YTick',[-3.14,0,3.14] );      % y 轴的记号点自定义
set(gca,'XTicklabel',{'-pi','0','pi'});      % x 轴的记号点自定义
```

【例 2.22】　现在我们来综合应用以上 4 个函数，在函数 $y=x$ 和 $y=\sin x$ 两条曲线上，设置标题、文本及坐标轴，程序如下：

```
function ex2_22
xmin=-pi;      % x 的最小值
xmax=pi;       % x 的最大值
```

```
ymin=-pi;        % y 的最小值
ymax=pi;         % y 的最大值
%  测试两个函数曲线
x=xmin:pi/3:xmax;
y1=x;
y2=sin(x);
% figure 的使用
figure('Name','坐标轴综合设置','Color','white','Position',[200,200,600,300]);
subplot(1,2,1);                    %  第一个子图
plot(x,y1,'-r*');
%   第一个子图的标题设置
title(['第一行：','\pi=',num2str(3.14),newline,'第二行：','y=x'])
text(0,0,'原点 O','FontSize',14,'Color','blue');
axis([xmin,xmax,ymin,ymax]);       %  坐标轴的范围设置
subplot(1,2,2);                    %  第二个子图
plot(x,y2,'-bo');
title('绘制曲线：y=sin(x)','Color','red','FontSize',14)
set(gca,'XTicklabel',{'-pi','-2pi/3','-pi/3','0','pi/3','2pi/3','pi'})    %  自定义 x 轴坐标的刻度
text(0,0,'原点 O','FontSize',14,'Color','red');
axis([xmin,xmax,ymin,ymax]);       %  坐标轴的范围设置
```

程序运行结果如图 2.11 所示。

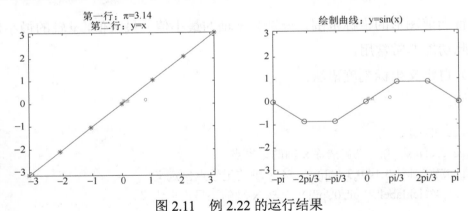

图 2.11　例 2.22 的运行结果

2.4.2　曲线绘制

MATLAB 中有各种画图函数可供读者调用，例如 plot、plot3、bar、line 等。下面以 plot 函数为例，介绍如何绘制各种不同的图形。plot 函数的语法格式如下。

```
plot(X1,Y1,LineSpec,…)
```

可以通过字符串 LineSpec 指定曲线的线型、颜色以及数据点的标记类型。这在突出显示原始数据点和个性化区分多组数据的时候是十分有用的。

例如，"-.or"表示采用点画线，数据点用圆圈标记，颜色是红色。MATLAB 默认用颜色区分多组曲线，但在只能黑白打印或者显示的情况下，个性化设置曲线的线型就成为唯一的区分方法了。

表 2.3 列出了 MATLAB 可供选择的曲线线型、颜色和数据点标记类型。这对于其他 MATLAB 画图函数都是通用的。

表 2.3　MATLAB 可供选择的曲线线型、颜色和数据点标记类型

线型		颜色		数据点标记类型	
标识符	意义	标识符	意义	标识符	意义
-	实线	r	红色	+	加号
-.	点画线	g	绿色	o	圆圈
--	虚线	b	蓝色	*	星号
:	点线	c	蓝绿色	.	点
		m	洋红色	x	交叉符号
		y	黄色	s（或者 squre）	方形
		k	黑色	d（或者 diamond）	菱形
		w	白色	^	向上的三角形
				v	向下的三角形
				>	向右的三角形
				<	向左的三角形
				p（或者 pentagram）	五边形
				h（或者 hexagram）	六边形

【例 2.23】 通过用随机函数 randn 产生 3 组随机数，每组 10 个，将数据用 plot 画出，并设置不同的线性和颜色。

```
function ex2_23        % 主函数
A1=randn(1,10);
A2=randn(1,10);
A3=randn(1,10);
figure                 % 画图 1
box on
hold on;               % 在同一个 figure 中多次调用 plot，需要 hold
```

```
plot(A1,'-r')                                    % 红色的实线，线的宽度默认
plot(A2,'-.g','LineWidth',5)                     % 绿色的点画线，线的宽度为5
plot(A3,'-b.','LineWidth',10)                    % 蓝色的实线，数据点为黑实点，线的宽度为10
xlabel('X-axis')
ylabel('Y-axis')
figure                                           % 画图2
box on
hold on; % 在同一个 figure 中多次调用 plot，需要 hold
plot(A1,'-ko','MarkerFaceColor','r') % 黑色实线，红色圆圈数据点
plot(A2,'-cd','MarkerFaceColor','g') % 蓝绿色实线，绿色菱形数据点
% 蓝色实线，蓝色方形数据点，同样也可以设置线的宽度
plot(A3,'-bs','MarkerFaceColor','b','LineWidth',5)
```

程序运行结果如图 2.12 所示。

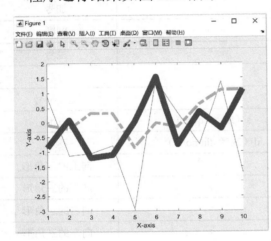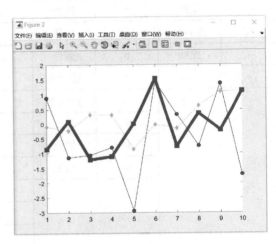

图 2.12　例 2.23 的运行结果

读者可以尝试不同的组合来画出各种精美的图形效果，还可以在 plot 绘图的同时设置曲线的线宽、标记点的大小、标记点内的填充颜色等。这些都是通过 plot(…,'PropertyName', PropertyValue,…)的语法格式来实现的，请参照表 2.4 所列的参数说明。

表 2.4　PropertyName 的参数说明

PropertyName 的参数	意　义	选　项
LineWidth	线宽	数值，如 0.5、1、2.5 等
MarkerEdgeColor	标记点边框线条颜色	颜色字符，如 r、g、b
MarkerFaceColor	标记点内部填充颜色	颜色字符，如 r、g、b
MarkerSize	标记点大小	数值，如 0.5、1、2.5 等

2.4.3　直方图和饼图

1．直方图

直方图（Histogram），又称质量分布图，是一种统计报告图，由一系列高度不等的纵向条纹表示数据分布的情况。在 MATLAB 中用一个条形图展示向量或者矩阵的值，使用水平的或者垂直的直方图。常见的函数调用如下：

（1）bar(Y)：为 Y 中的每一个元素绘制一个条。如果 Y 是一个矩阵，会对每一行元素所产生的条进行分组。当 Y 是一个向量时，x 轴的刻度范围是 1 到 Y 的长度，当 Y 是一个矩阵时，长度即是行的数量。

（2）bar(x,Y)：为 Y 中的每一个元素在指定的 x 位置绘制条形图。x 是一个单调增加的向量，用来定义垂直直方图中的 x 轴间距。如果 Y 是一个矩阵，bar 对 Y 中的每行元素在指定 x 位置进行分组。

（3）bar(...,width)：设置相关 bar 的宽度和控制一个组之间 bar 的距离。默认宽度是 0.8，如果不指定 x，则一个组内的 bars 有一个比较小的距离。如果宽度是 1，则一个组内的 bars 相互紧挨着。

（4）bar(...,'style')：指定 bars 的样式。样式是'grouped' or 'stacked'。默认是'grouped'。

'grouped'：表示展示 m 个组的每组 n 个垂直直方图。m 代表矩阵行数，n 代表矩阵列数。

'stacked'：表示为每一行展示一个 bar，bar 的高度是每一行元素的总和。

每一个 bar 是多种颜色，根据颜色的分布显示各元素对总元素的贡献。

（5）bar(...,'bar_color')：使用单个字母缩写 'r', 'g', 'b', 'c', 'm', 'y', 'k', or 'w'所指定的颜色展示 bar。

（6）bar(axes_handles,...) and barh(axes_handles,...)：使用指定句柄的坐标轴代替当前坐标轴。

（7）h = bar(...)：返回 barseries 图形对象句柄的向量。bar 为 Y 中每列创建一个 barseries 图形对象。

（8）barh(...) and h = barh(...)：创建水平直方图。Y 决定 bar 的长度。向量 x 是一个自增的向量，用来定义 y 轴上直方图的间距。

【例 2.24】　用随机数产生一个 5 行 3 列的矩阵数组，用直方图将数组展示出来。程序如下：

```
function ex2_24
Y = round(rand(5,3)*10);     % 调用随机函数，产生 5 行 3 列的数组
figure('Position',[200,200,900,300])
subplot(1,2,1)
bar(Y,'group')
title('Group')
subplot(1,2,2)
bar(Y,'stack')
title('Stack')
```

运行结果如图 2.13 所示。

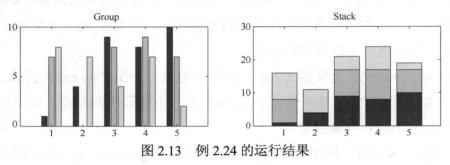

图 2.13　例 2.24 的运行结果

【例 2.25】 矩阵 Y 是用深度学习训练得到的实验结果，对比 YOLO 三种算法的性能，主要是运算速度和模型大小的比较，用直方图展示的程序如下。

```
function ex2_25    % 主函数
X=[1,2,3]
Y=[115,23.1;        % 第 1 组数据
    39,97.1;        % 第 2 组数据
    17,246]         % 第 3 组数据
dx=0.1; % x 方向的偏移量，主要是为了控制文本标记位置
dy=4;     % y 方向的偏移量
figure; hold on; box on;
barh(X,Y,'grouped')
% 第 1 组数据
text(Y(1,1)+dy,X(1)-dx,['Running Speed: ',num2str(Y(1,1)),' FPS'])
text(Y(1,2)+dy,X(1)+2*dx,['Model Size: ',num2str(Y(1,2)),' MB'])
% 第 2 组数据
text(Y(2,1)+dy,X(2)-dx,['Running Speed: ',num2str(Y(2,1)),' FPS'])
text(Y(2,2)+dy,X(2)+2*dx,['Model Size: ',num2str(Y(2,2)),' MB'])
```

```
% 第 3 组数据
text(Y(3,1)+dy,X(3)-dx,['Running Speed: ',num2str(Y(3,1)),' FPS'])
text(Y(3,2)+dy,X(3)+2*dx,['Model Size: ',num2str(Y(3,2)),' MB'])
% 坐标轴的相关设置
set(gca,'YTick',[1,2,3])
set(gca,'YTickLabel',{'YOLO-v1','YOLO-v2','YOLO-v3'}); % 自定义刻度
axis([0,350,0.5,3.5])
colormap winter
```

程序运行结果如图 2.14 所示。

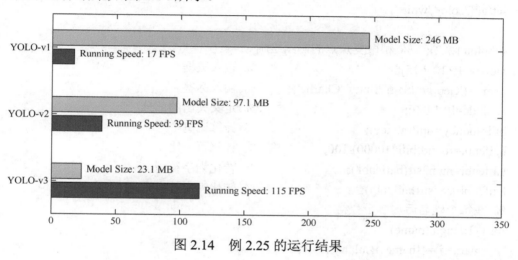

图 2.14　例 2.25 的运行结果

2．饼图

饼图，英文名为 Sector Graph 或者 Pie Graph，也是一种常用的统计报告图。在统计学里，用饼图能非常好地展示数据在整体中所占比例，MATLAB 中使用 pie 函数实现。常用函数调用 pie(X) 中的 X 代表绘制饼图所需要的数据，X 可以是个向量或者矩阵，饼图的每个扇区代表 X 中的一个元素。

（1）如果 sum(X) ≤ 1，则 X 中的值直接指定饼图扇区的面积。

（2）如果 sum(X) < 1，则 pie 仅绘制部分饼图。

（3）如果 sum(X) > 1，则 pie 通过 X/sum(X) 对值进行归一化，以确定饼图的每个扇区的面积。

（4）如果 X 为 categorical 数据类型，则扇区对应于类别。每个扇区的面积是类别中的元素数除以 X 中的元素数的结果。

【例 2.26】　在一个 figure 中绘制 2 个饼图。第 1 个饼图仅仅是将输入 x 的数

据用百分比形式展示出来。第 2 个饼图将 name 数组中的 4 个人出资额对应 money 数组，用饼图表示各自的占比情况，并把 Sam 个人的股份突出显示。程序编写如下。

```
function ex2_26
figure
subplot(1,2,1);    % 简单的饼图绘制
x = [0.14, 0.24, 0.05, 0.47, 0.1];
pie(x);
set(gcf,'color','white')


subplot(1,2,2);    % 稍微复杂点的饼图绘制
money=[5 10 7 15];                          % 输入数据
name={'George','Sam','Betty','Charlie'};    % 输入标签
explode=[0 1 0 0];                          % 定义突出的部分
bili=money/sum(money);                      % 计算比例
baifenbi=round(bili*10000)/100;             % 计算百分比
baifenbi=num2str(baifenbi');                % 转化为字符型
baifenbi=cellstr(baifenbi);                 % 转化为字符串数组
% 在每个姓名后加 2 个空格
for i=1:length(name)
    name(i)={[name{i},blanks(2)]};
end
bfh=cellstr(repmat('%',length(money),1));    % 创建百分号字符串数组
c=strcat(name,baifenbi',bfh');
pie(money,explode,c)
```

程序运行结果如图 2.15 所示。

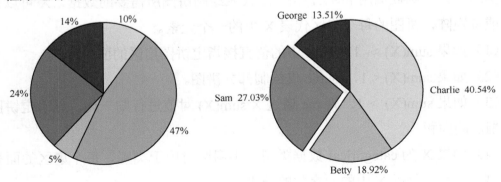

图 2.15   例 2.26 的运行结果

2.4.4　动画功能

MATLAB 除具有强大的矩阵运算和仿真分析能力外，绘图功能也是相当强大的。静态绘图对 MATLAB 来说不是问题，但 MATLAB 是不支持多线程的，想要动态绘图，并且能够很好地被 GUI 控制，是一件非常不容易的事情。

在介绍动态绘图的具体应用之前，我们先来了解一下两个常用的与动态绘图有关的指令。

1．drawnow 指令

语法：

```
drawnow
drawnow limitrate
drawnow nocallbacks
drawnow limitrate nocallbacks
```

drawnow 更新图形并处理任何挂起的回调。如果需要修改图形对象并且需要在屏幕上立即查看此次更新，请使用该指令。

drawnow limitrate 将更新数量限制为每秒 20 帧。如果自上次更新后不到 50ms，或图形渲染器忙于处理之前的更改，则 drawnow 会丢弃新的更新。如果在循环中更新图形对象并且不需要在屏幕上查看每个更新，请使用该指令。跳过更新可以产生更快的动画，挂起的回调得到处理，即可以在动画期间与图形交互。

drawnow nocallbacks 会延迟回调（例如鼠标点击），直至下个完整的 drawnow 指令执行。如果您想要阻止回调中断您的代码，请使用该选项。有关详细信息，请参阅等效于 drawnow 的操作。

drawnow limitrate nocallbacks 将更新数量限制为每秒 20 帧，如果渲染器繁忙，则会跳过更新并延迟回调。

2．pause 指令

语法：

```
pause
pause(n)
pause(state)
```

oldState=pause(state)

（1）pause 暂时停止执行 MATLAB 并等待用户按下任意键。pause 函数还会暂时停止执行 Simulink 模型，但不会暂停重绘。

（2）pause(n)暂停执行 n 秒后继续执行。必须启用暂停，调用才能生效。

（3）pause(state) 启用、禁用或显示当前暂停设置。

（4）oldState = pause(state) 返回当前暂停设置并如 state 所示设置暂停状态。例如，如果已启用暂停功能，oldState = pause('off') 会在 oldState 中返回'on'并禁用暂停。

3．MATLAB 实现动画绘制的三种方法

（1）移动 axis 坐标系。

移动坐标系的方法是一种最简单的实现数据动态显示方法。这种方法适合数据已经全部生成的场合，先画图，然后移动坐标系。本质上是通过设置 axis 的部分图形后，拖动坐标系在窗体中滚动整个图像。

【例 2.27】 绘制图形 $y=\sin(t)$，时间 $t\in(0,100\pi)$，移动速度为 $t=1/s$。

```matlab
% 在命令行中 使用 Ctrl+C 结束
function ex2_5
% 数据先一次性生成
t=0:0.1:100*pi;
m=sin(t);
figure('动态显示数据波形')
plot(t,m);
% 数据展示的起点位置
x=-2*pi;
axis([x,x+4*pi,-2,2]);    % 展示坐标轴的范围，本质是让一小部分数据显示在窗体中
grid on
while 1
    if x>max(t)
        break;
    end
    x=x+0.1;    % 每次移动的速度为 0.1
    axis([x,x+4*pi,-2,2]); % 移动坐标系
    pause(0.1); % 停止一段时间
```

```
end
```

（2）hold on 模式。

这种方法比较原始，适合于即时数据。原理是先画一帧，接着保留原始图像，追加下一帧图像。该方法虽然繁琐，但是涉及绘图的具体细节。但是如果有完整并连续的线条绘制，在这种模式下就无法体现，即只能绘制数据点或者分段画线。

【例 2.28】　绘制三组曲线，分段画线 y=sin(t)、y=cos(t)，以及画数据点 y=t-floor(t)。

```
hold off
t=0;m=0;t1=[0 0.1];             % 要构成序列
m1=[sin(t1);cos(t1)];
p = plot(t,m,'*',t1,m1(1,:),'-r',t1,m1(2,:),'-b','MarkerSize',5);
x=-1.5*pi;
axis([x x+2*pi -1.5 1.5]); % 尝试一下把此行代码注释，查看效果，下同
grid on;
for i=1:100
    hold on;                    % 这句话很重要，它是保持上一帧图像的关键
    t=0.1*i;                    % 绘制下一个点
    m=t-floor(t);
    plot(t,m,'*');
    t1=t1+0.1;                  % 绘制下一段线（组）
    m1=[sin(t1);cos(t1)];
    plot(t1,m1(1,:),'-r');
    plot(t1,m1(2,:),'-b','MarkerSize',5);
    x=x+0.1;
    axis([x x+2*pi -1.5 1.5]);     % 尝试一下把此行代码注释，查看效果
    pause(0.1);                    % 停顿时间
end
```

（3）plot 背景擦除模式。

这种方法接近真实动画，效率比较高，刷新闪烁小，适合实时数据展示，最终绘制 Line 结构数据完整。熟悉此方法之前，先来了解 plot 函数的实现机理：plot 函数输入为 X-Y(-X)坐标元组以及属性值对，每一行代表一个线条的 handles，每一线条都有 XData 和 YData 向量。如果画了 2 条线，那么会返回 2×1 的向量。重

新画图不需要再次书写 plot，只要刷新图像即可，即使用 drawnow 指令。

【例 2.29】 绘制一个绕原点旋转的杆子。

```
function ex2_29
figure('Name','Totating Stick')
% 画一个绕圆点旋转的杆子
axis([0 10 0 10]); % 框定坐标的大小
% 需要旋转的杆子
stick=line([5,8],[5,5],'EraseMode','background','Color','g','LineWidth',3)
for t=0:0.1:8*pi;
    % 下面绘制"十"字坐标
    line([0,10],[5,5],'Color','r','LineWidth',5)
    line([5,5],[0,10],'Color','r','LineWidth',5)
    % 设置动态的端点
    x=[5,5+5*cos(t)];
    y=[5,5+5*sin(t)];
    set(stick,'XData',x,'YData',y);   % 根据端点改变杆的位置
    drawnow;                % 刷新画面
    pause(0.1);
end
```

以上例子的动画效果，请在 MATLAB 中查看，在此不再给出运行结果。

参 考 文 献

[1]　周博，薛世峰. MATLAB 工程与科学绘图[M]. 北京：清华大学出版社，2015.

[2]　胡晓冬，董辰辉. MATLAB 从入门到精通（第 2 版）[M]. 北京：人民邮电出版社，2018.

[3]　谢中华. MATLAB 与数学建模[M]. 北京：北京航空航天大学出版社，2019.

[4]　林炳强，谢龙汉，周维维. MATLAB 2015 从入门到精通[M]. 北京：人民邮电出版社，2016.

[5]　张学敏，倪虹霞. MATLAB 基础及应用（第 3 版）[M]. 北京：中国电力出版社，2018.

[6]　Wendy L. Martinez, Angel R. Martinez, Jeffrey L. Solka. MATLAB 数据探索性分析[M]. 迟冬祥，黎明，赵莹，译. 北京：清华大学出版社，2018.

[7]　王赫然. MATLAB 程序设计——重新定义科学计算工具学习方法[M]. 北京：清华大学出版社，2020.

[8]　李昕. MATLAB 数学建模[M]. 北京：清华大学出版社，2017.

[9]　张志涌，杨祖樱. MATLAB 教程（R2018a）[M]. 北京：北京航空航天大学出版社，2019.

[10] Stephen J. Chapman. MATLAB 程序设计导论（第 3 版）[M]. 费选，余仁萍，黄伟，译. 北京：机械工业出版社，2018.

第 3 章 线性 Kalman 滤波

许多工程实践往往不能直接得到所需要状态变量的真实值。例如，雷达在探测空中目标的时候，根据反射波等信息能算出与目标的距离，但是在雷达探测过程中存在随机干扰的问题，导致在观测得到的信号中往往夹杂了随机噪声。我们要从夹杂了随机噪声的观测信号中分离出飞机或导弹的运动状态量，要准确地得到所需的状态变量是不可能的，只能根据观测信号来估计或预测这些状态变量。Kalman 滤波器就是这种能有效降低噪声影响的利器。在线性系统中，Kalman 滤波是最优滤波。随着计算机技术的发展，Kalman 滤波的计算要求与复杂性已不再成为应用的障碍，且越来越受到人们的青睐。目前 Kalman 滤波理论已经广泛应用在国防、军事、跟踪、制导等许多高科技领域。

3.1 Kalman 滤波原理

在几何上，Kalman 滤波器可以被看作状态变量在由观测生成的线性空间上的射影。因此射影定理是 Kalman 滤波推导的基本工具。在介绍线性离散系统的 Kalman 滤波方程之前，先介绍射影定理。

3.1.1 射影定理

【定义 3.1】 由 $m \times 1$ 维随机向量 $\boldsymbol{y} \in R^m$ 的线性函数估计 $n \times 1$ 维随机变量 $\boldsymbol{x} \in R^n$，记估值为

$$\hat{\boldsymbol{x}} = \boldsymbol{b} + \boldsymbol{A}\boldsymbol{y}, \boldsymbol{b} \in R^n, \boldsymbol{A} \in R^{n \times m} \tag{3.1}$$

若估值 $\hat{\boldsymbol{x}}$ 极小化性能指标为 $\boldsymbol{J}$，即

$$\boldsymbol{J} = \mathrm{E}[(\boldsymbol{x} - \hat{\boldsymbol{x}})^{\mathrm{T}}(\boldsymbol{x} - \hat{\boldsymbol{x}})]$$

则称 $\hat{\boldsymbol{x}}$ 为随机变量 $\boldsymbol{x}$ 的线性最小方差估计。其中，E 为均值号，T 为转置号。

由观测值 $\boldsymbol{y}$ 求随机变量 $\boldsymbol{x}$ 的线性最小方差估计的表达式为

$$\hat{\boldsymbol{x}} = \mathrm{E}\boldsymbol{x} + \mathrm{Cov}(\boldsymbol{x}, \boldsymbol{y})\mathrm{Var}(\boldsymbol{y})^{-1}(\boldsymbol{y} - \mathrm{E}\boldsymbol{y}) \tag{3.2}$$

线性最小方差估计 $\hat{x}$ 具有如下性质。

（1）无偏性，即 $\mathrm{E}\hat{x} = \mathrm{E}x$。

（2）正交性，即 $\mathrm{E}[(x - \hat{x})y^{\mathrm{T}}] = 0$。

（3）$x - \hat{x}$ 与 y 是不相关的随机变量。

【定义 3.2】 称 $x - \hat{x}$ 与 y 不相关为 $x - \hat{x}$ 与 y 正交（垂直），记为 $x - \hat{x} \perp y$，并称 $\hat{x}$ 为 x 在 y 上的射影，记为 $\hat{x} = \mathrm{proj}(x \mid y)$。

射影的几何意义如图 3.1 所示。

【定义 3.3】 基于随机变量 $y(1), y(2), \cdots, y(k) \in R^{m}$，对随机变量 $x \in R^{m}$ 的线性最小方差估计 $\hat{x}$ 定义为

$$\hat{x} = \mathrm{proj}(x \mid w) \underline{\triangle} \mathrm{proj}(x \mid y(1), y(2), \cdots, y(k)) \qquad (3.3)$$

也称 $\hat{x}$ 为 x 在线性流型 $L(w)$ 或 $L(y(1), \cdots, y(k))$ 上的射影。

【定义 3.4】 设 $y(1), y(2), \cdots, y(k) \in R^{m}$ 是存在二阶矩的随机序列，新息序列（新息过程）定义为

$$\varepsilon(k) = y(k) - \mathrm{proj}(y(k) \mid y(1), y(2), \cdots, y(k-1)) , \quad k = 1, 2, \cdots \qquad (3.4)$$

并定义 $y(k)$ 的一步最优预报估值为

$$\hat{y}(k \mid k-1) = \mathrm{proj}(y(k) \mid y(1), y(2), \cdots, y(k-1)) \qquad (3.5)$$

因而新息序列可定义为

$$\varepsilon(k) = y(k) - \hat{y}(k \mid k-1) , \quad k = 1, 2, \cdots \qquad (3.6)$$

式中，规定 $\hat{y}(1 \mid 0) = \mathrm{E}y(1)$，保证了 $\mathrm{E}\varepsilon(1) = 0$。新息 $\varepsilon(k)$ 的几何意义如图 3.2 所示，可以看出 $\varepsilon(k) \perp L(y(1), \cdots, y(k-1))$。

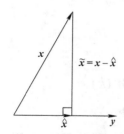

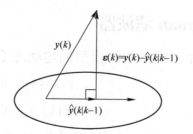

图 3.1　射影的几何意义　　　　图 3.2　新息 $\varepsilon(k)$ 的几何意义

【推论 3.1】 设随机变量 $x \in R^{n}$，则有

$$\text{proj}(\boldsymbol{x} \mid \boldsymbol{y}(1), \boldsymbol{y}(2), \cdots, \boldsymbol{y}(k)) = \text{proj}(\boldsymbol{x} \mid \boldsymbol{\varepsilon}(1), \boldsymbol{\varepsilon}(2), \cdots, \boldsymbol{\varepsilon}(k)) \tag{3.7}$$

由于新息序列的正交性，因此这一定理将大大简化射影的计算。

【定理 3.1】（递推射影定理）设随机变量 $\boldsymbol{x} \in R^n$，随机序列 $\boldsymbol{y}(1), \boldsymbol{y}(2), \cdots,$ $\boldsymbol{y}(k) \in R^m$，且它们存在二阶矩，则有递推射影公式：

$$\text{proj}(\boldsymbol{x} \mid \boldsymbol{y}(1), \boldsymbol{y}(2), \cdots, \boldsymbol{y}(k)) = \text{proj}(\boldsymbol{x} \mid \boldsymbol{y}(1), \boldsymbol{y}(2), \cdots, \boldsymbol{y}(k-1)) + \\ \text{E}[\boldsymbol{x}\boldsymbol{\varepsilon}^{\text{T}}(k)][\text{E}(\boldsymbol{\varepsilon}(k)\boldsymbol{\varepsilon}^{\text{T}}(k))]^{-1}\boldsymbol{\varepsilon}(k) \tag{3.8}$$

证明：引入合成向量

$$\boldsymbol{\varepsilon} = \begin{bmatrix} \boldsymbol{\varepsilon}(1) \\ \vdots \\ \boldsymbol{\varepsilon}(k) \end{bmatrix}$$

运用式（3.7）和射影公式，并由 $\text{E}\boldsymbol{\varepsilon}(i) = 0$，得到

$$\text{proj}(\boldsymbol{x} \mid \boldsymbol{y}(1), \boldsymbol{y}(2), \cdots, \boldsymbol{y}(k)) = \text{proj}(\boldsymbol{x} \mid \boldsymbol{\varepsilon}(1), \boldsymbol{\varepsilon}(2), \cdots, \boldsymbol{\varepsilon}(k)) =$$
$$\text{proj}(\boldsymbol{x} \mid \boldsymbol{\varepsilon}) = \text{E}\boldsymbol{x} + \text{E}[(\boldsymbol{x} - \text{E}\boldsymbol{x})(\boldsymbol{\varepsilon}^{\text{T}}(1), \boldsymbol{\varepsilon}^{\text{T}}(2), \cdots, \boldsymbol{\varepsilon}^{\text{T}}(k))] \times$$
$$\begin{bmatrix} \text{E}[\boldsymbol{\varepsilon}(1)\boldsymbol{\varepsilon}^{\text{T}}(1)]^{-1} & & 0 \\ & \ddots & \\ 0 & & \text{E}[\boldsymbol{\varepsilon}(1)\boldsymbol{\varepsilon}^{\text{T}}(1)]^{-1} \end{bmatrix} \begin{bmatrix} \boldsymbol{\varepsilon}(1) \\ \vdots \\ \boldsymbol{\varepsilon}(k) \end{bmatrix} =$$
$$\text{E}\boldsymbol{x} + \sum_{i=1}^{k} \text{E}[\boldsymbol{x}\boldsymbol{\varepsilon}^{\text{T}}(i)][\text{E}[\boldsymbol{\varepsilon}(i)\boldsymbol{\varepsilon}^{\text{T}}(i)]^{-1}\boldsymbol{\varepsilon}(i)] =$$
$$\text{E}\boldsymbol{x} + \sum_{i=1}^{k-1} \text{E}[\boldsymbol{x}\boldsymbol{\varepsilon}^{\text{T}}(i)][\text{E}[\boldsymbol{\varepsilon}(i)\boldsymbol{\varepsilon}^{\text{T}}(i)]^{-1}\boldsymbol{\varepsilon}(i)] + \text{E}[\boldsymbol{x}\boldsymbol{\varepsilon}^{\text{T}}(k)][\text{E}[\boldsymbol{\varepsilon}(k)\boldsymbol{\varepsilon}^{\text{T}}(k)]^{-1}\boldsymbol{\varepsilon}(k) =$$
$$\text{proj}(\boldsymbol{x} \mid \boldsymbol{\varepsilon}(1), \boldsymbol{\varepsilon}(2), \cdots, \boldsymbol{\varepsilon}(k-1)) + \text{E}[\boldsymbol{x}\boldsymbol{\varepsilon}^{\text{T}}(k)][\text{E}[\boldsymbol{\varepsilon}(k)\boldsymbol{\varepsilon}^{\text{T}}(k)]^{-1}\boldsymbol{\varepsilon}(k) =$$
$$\text{proj}(\boldsymbol{x} \mid \boldsymbol{y}(1), \boldsymbol{y}(2), \cdots, \boldsymbol{y}(k-1)) + \text{E}[\boldsymbol{x}\boldsymbol{\varepsilon}^{\text{T}}(k)][\text{E}[\boldsymbol{\varepsilon}(k)\boldsymbol{\varepsilon}^{\text{T}}(k)]^{-1}\boldsymbol{\varepsilon}(k)$$

递推射影定理是推导 Kalman 滤波器递推算法的出发点。

3.1.2 Kalman 滤波器

考虑用如下状态空间模型描述动态系统：

$$\boldsymbol{X}(k+1) = \boldsymbol{\Phi}\boldsymbol{X}(k) + \boldsymbol{\Gamma}\boldsymbol{W}(k) \tag{3.9}$$
$$\boldsymbol{Y}(k) = \boldsymbol{H}\boldsymbol{X}(k) + \boldsymbol{V}(k) \tag{3.10}$$

式中，k 为离散时间，系统在时刻 k 的状态为 $\boldsymbol{X}(k) \in R^n$；$\boldsymbol{Y}(k) \in R^m$ 为对应状态的观测信号；$\boldsymbol{W}(k) \in R^r$ 为输入的白噪声；$\boldsymbol{V}(k) \in R^m$ 为观测噪声。

称式（3.9）为状态方程，式（3.10）为观测方程，$\boldsymbol{\Phi}$ 为状态转移矩阵，$\boldsymbol{\Gamma}$ 为

噪声驱动矩阵，$\boldsymbol{H}$ 为观测矩阵。

【假设 1】　$\boldsymbol{W}(k)$ 和 $\boldsymbol{V}(k)$ 是均值为 0、方差阵各为 $\boldsymbol{Q}$ 和 $\boldsymbol{R}$ 的不相关白噪声，$\mathrm{E}\boldsymbol{W}(k)=0$，$\mathrm{E}\boldsymbol{V}(k)=0$，$\mathrm{E}\boldsymbol{W}(k)\boldsymbol{W}^{\mathrm{T}}(j)=\boldsymbol{Q}\delta_{kj}$，$\mathrm{E}\boldsymbol{V}(k)\boldsymbol{V}^{\mathrm{T}}(j)=\boldsymbol{R}\delta_{kj}$，$\boldsymbol{W}(k)$ 和 $\boldsymbol{V}(k)$ 互不相关，因此有 $\mathrm{E}[\boldsymbol{W}(k)\boldsymbol{V}^{\mathrm{T}}(j)]=0$，$\forall k,j$，其中 $\delta_{kk}=1$，$\delta_{kj}=0$。$\forall$ 表示"任意"。

【假设 2】　初始状态 $\boldsymbol{X}(0)$ 不相关于 $\boldsymbol{W}(k)$ 和 $\boldsymbol{V}(k)$，

$$\mathrm{E}[\boldsymbol{X}(0)]=\boldsymbol{\mu}_0, \quad \mathrm{E}[(\boldsymbol{X}(0)-\boldsymbol{\mu}_0)(\boldsymbol{X}(0)-\boldsymbol{\mu}_0)^{\mathrm{T}}]=\boldsymbol{P}_0$$

Kalman 滤波问题是，基于观测信号 $\{\boldsymbol{Y}(1),\boldsymbol{Y}(2),\cdots,\boldsymbol{Y}(k)\}$，求状态 $\boldsymbol{X}(j)$ 的线性最小方差估计值 $\hat{\boldsymbol{X}}(j\,|\,k)$，极小化性能指标：

$$J=\mathrm{E}[(\boldsymbol{X}(j)-\hat{\boldsymbol{X}}(j\,|\,k))^{\mathrm{T}}(\boldsymbol{X}(j)-\hat{\boldsymbol{X}}(j\,|\,k))] \tag{3.11}$$

对于 $j=k$，$j>k$，$j<k$，分别称 $\hat{\boldsymbol{X}}(j\,|\,k)$ 为 Kalman 滤波器、预报器和平滑器。滤波器一般是对当前状态噪声的处理。预报器即为状态预测，通常在导弹拦截、卫星回收等问题上涉及导弹和卫星轨道预测。平滑器主要用于解决卫星入轨初速度估计或卫星轨道重构问题。

在性能指标式（3.11）下，问题归结为求射影：

$$\hat{\boldsymbol{X}}(j\,|\,k)=\operatorname{proj}(\boldsymbol{X}(j)\,|\,\boldsymbol{Y}(1),\boldsymbol{Y}(2),\cdots,\boldsymbol{Y}(k)) \tag{3.12}$$

由递推射影【定理 3.1】得到递推关系：

$$\hat{\boldsymbol{X}}(k+1\,|\,k+1)=\hat{\boldsymbol{X}}(k+1\,|\,k)+\boldsymbol{K}(k+1)\boldsymbol{\varepsilon}(k+1) \tag{3.13}$$

$$\boldsymbol{K}(k+1)=\mathrm{E}[\boldsymbol{X}(k+1)\boldsymbol{\varepsilon}^{\mathrm{T}}(k+1)]\{\mathrm{E}\boldsymbol{\varepsilon}(k+1)\boldsymbol{\varepsilon}^{\mathrm{T}}(k+1)\}^{-1} \tag{3.14}$$

称 $\boldsymbol{K}(k+1)$ 为 Kalman 滤波器增益。

对状态方程（3.9）两边取射影有

$$\hat{\boldsymbol{X}}(k+1\,|\,k)=\boldsymbol{\Phi}\hat{\boldsymbol{X}}(k\,|\,k)+\boldsymbol{\Gamma}\operatorname{proj}(\boldsymbol{W}(t)\,|\,\boldsymbol{Y}(1),\boldsymbol{Y}(2),\cdots,\boldsymbol{Y}(k)) \tag{3.15}$$

由式（3.9）迭代有

$$\boldsymbol{X}(k)\in L(\boldsymbol{W}(k-1),\cdots,\boldsymbol{W}(0),\boldsymbol{X}(0))$$

且应用式（3.10）有

$$\boldsymbol{Y}(k)\in L(\boldsymbol{V}(k),\boldsymbol{W}(k-1),\cdots,\boldsymbol{W}(0),\boldsymbol{X}(0))$$

因此

$$L(\boldsymbol{Y}(1),\cdots,\boldsymbol{Y}(k))\subset L(\boldsymbol{V}(k),\cdots,\boldsymbol{V}(1),\boldsymbol{W}(k-1),\cdots,\boldsymbol{W}(0),\boldsymbol{X}(0))$$

根据此式、假设 1 和假设 2，有

$$W(k) \perp L(Y(1), \cdots, Y(k))$$

应用射影公式及 $EW(k) = 0$ 可得

$$\text{proj}(W(k) \mid Y(1), Y(2), \cdots, Y(k)) = 0 \tag{3.16}$$

于是有

$$\hat{X}(k+1 \mid k) = \boldsymbol{\Phi}\hat{X}(k \mid k) \tag{3.17}$$

同理对观测方程式（3.10）两边取射影有

$$\hat{Y}(k+1 \mid k) = H\hat{X}(k+1 \mid k) + \text{proj}(V(k+1) \mid Y(1), Y(2), \cdots, Y(k)) \tag{3.18}$$

因为 $V(k+1) \perp L(Y(1), Y(2), \cdots, Y(k))$，故有

$$\text{proj}(V(k+1) \mid Y(1), Y(2), \cdots, Y(k)) = 0$$

于是有

$$\hat{Y}(k+1 \mid k) = H\hat{X}(k+1 \mid k) \tag{3.19}$$

在这里引出新息的表达式：

$$\boldsymbol{\varepsilon}(k+1) = Y(k+1) - \hat{Y}(k+1 \mid k) \tag{3.20}$$

记滤波器和预报估值误差及方差阵为

$$\tilde{X}(k \mid k) = X(k) - \hat{X}(k \mid k) \tag{3.21}$$

$$\tilde{X}(k+1 \mid k) = X(k+1) - \hat{X}(k+1 \mid k) \tag{3.22}$$

$$P(k \mid k) = \text{E}[\tilde{X}(k \mid k)\tilde{X}^{\text{T}}(k \mid k)] \tag{3.23}$$

$$P(k+1 \mid k) = \text{E}[\tilde{X}(k+1 \mid k)\tilde{X}^{\text{T}}(k+1 \mid k)] \tag{3.24}$$

则由式（3.10）、式（3.19）和式（3.20）有

$$\boldsymbol{\varepsilon}(k+1) = H\tilde{X}(k+1 \mid k) + V(k+1) \tag{3.25}$$

由状态方程式（3.9）和式（3.19）有

$$\tilde{X}(k+1 \mid k) = \boldsymbol{\Phi}\tilde{X}(k \mid k) + \boldsymbol{\Gamma}W(k) \tag{3.26}$$

由式（3.13）得

$$\tilde{X}(k+1 \mid k+1) = \tilde{X}(k+1 \mid k) - K(k+1)\boldsymbol{\varepsilon}(k+1) \tag{3.27}$$

将式（3.25）代入式（3.27）得

$$\tilde{X}(k+1\,|\,k+1)=[I_n-K(k+1)H]\tilde{X}(k+1\,|\,k)-K(k+1)\varepsilon(k+1) \tag{3.28}$$

式中，I_n 为 $n\times m$ 单位阵。因为

$$\tilde{X}(k\,|\,k)=X(k)-\hat{X}(k\,|\,k)\in L(V(k),\cdots,V(1),W(k-1),\cdots,W(0),X(0))$$

故有 $W(k)\perp\tilde{X}(k\,|\,k)$，则 $\mathrm{E}[W(k)\tilde{X}^{\mathrm{T}}(k\,|\,k)]=0$。

于是由式（3.26）得到

$$P(k+1\,|\,k)=\Phi P(k\,|\,k)\Phi^{\mathrm{T}}+\Gamma QF^{\mathrm{T}} \tag{3.29}$$

因为

$$\tilde{X}(k+1\,|\,k)=X(k+1)-\hat{X}(k+1\,|\,k)\in L(V(k),\cdots,V(1),W(k),\cdots,W(0),X(0))$$

故有 $V(k+1)\perp\tilde{X}(k+1\,|\,k)$，则 $\mathrm{E}[V(k+1)\tilde{X}^{\mathrm{T}}(k+1\,|\,k)]=0$。

由式（3.25）得到新息方差阵为

$$\mathrm{E}[\varepsilon(k+1)\varepsilon^{\mathrm{T}}(k+1)]=HP(k+1\,|\,k)H^{\mathrm{T}}+R \tag{3.30}$$

由式（3.28）可得

$$\begin{aligned}P(k+1\,|\,k+1)&=\mathrm{E}[\varepsilon(k+1)\varepsilon^{\mathrm{T}}(k+1)]\\&=[I_n-K(k+1)H]P(k+1\,|\,k)[I_n-K(k+1)H]^{\mathrm{T}}+K(k+1)RH^{\mathrm{T}}(k+1)\end{aligned} \tag{3.31}$$

下面需要求 Kalman 滤波器的增益 $K(k+1)$，为此先求 $\mathrm{E}[X(k+1)\varepsilon^{\mathrm{T}}(k+1)]$，即

$$\mathrm{E}[X(k+1)\varepsilon^{\mathrm{T}}(k+1)]=\mathrm{E}[(\hat{X}(k+1\,|\,k)+\tilde{X}(k+1\,|\,k))(H\tilde{X}(k+1\,|\,k)+V(k+1))^{\mathrm{T}} \tag{3.32}$$

因为射影的正交性

$$\hat{X}(k+1\,|\,k)\perp\tilde{X}(k+1\,|\,k)$$

且注意到 $V(k+1)\perp\tilde{X}(k+1\,|\,k)$，$V(k+1)\perp\hat{X}(k+1\,|\,k)$，于是

$$\mathrm{E}[X(k+1)\varepsilon^{\mathrm{T}}(k+1)]=P(k+1\,|\,k)H^{\mathrm{T}} \tag{3.33}$$

将式（3.30）和式（3.33）代入式（3.14），有增益

$$P(k+1\,|\,k)=\Phi P(k\,|\,k)\Phi^{\mathrm{T}}+\Gamma Q\Gamma^{\mathrm{T}} \tag{3.34}$$

现在用 $K(k+1)$ 的表达式简化 $P(k+1\,|\,k+1)$ 的式（3.31），暂时略去式（3.31）右端的时标，将式（3.34）代入式（3.31）有

$$\begin{aligned}
P(k+1|k+1) &= [I_n - KH]P - PH^T K^T + KHPH^T K^T + KRK^T \\
&= [I_n - KH]P - PH^T K^T + K(HPH^T + R)K^T \\
&= [I_n - KH]P - PH^T K^T + PH^T K^T \\
&= [I_n - KH]P
\end{aligned}$$

即

$$P(k+1|k+1) = [I_n - K(k+1)H]P(k+1|k) \tag{3.35}$$

至此，Kalman 滤波方程组推导完毕，可以将推导结果概况为如下定理。

【定理 3.2】（Kalman 滤波器）系统的式（3.9）和式（3.10）在【假设 1】和【假设 2】下，递推 Kalman 滤波器如下。

状态一步预测：
$$\hat{X}(k+1|k) = \Phi\hat{X}(k|k) \tag{3.36}$$

状态更新：
$$\hat{X}(k+1|k+1) = \hat{X}(k+1|k) + K(k+1)\varepsilon(k+1) \tag{3.37}$$

$$\varepsilon(k+1) = Y(k+1) - H\hat{X}(k+1|k)$$

滤波增益矩阵：
$$K(k+1) = P(k+1|k)H^T[HP(k+1|k)H^T + R]^{-1} \tag{3.38}$$

一步预测协方差阵：
$$P(k+1|k) = \Phi P(k|k)\Phi^T + \Gamma Q\Gamma^T \tag{3.39}$$

协方差阵更新：
$$P(k+1|k+1) = [I_n - K(k+1)H]P(k+1|k) \tag{3.40}$$

$$\hat{X}(0|0) = \mu_0, P(0|0) = P_0$$

在一个滤波周期内，从 Kalman 滤波在使用系统信息和观测信息的先后次序来看，Kalman 滤波具有两个明显的信息更新过程：时间更新过程和观测更新过程。式（3.36）说明了根据 $k-1$ 时刻的状态估计预测 k 时刻状态的方法。式（3.39）对这种预测的质量优劣做了定量描述。该两式的计算中仅使用了与系统的动态特性有关的信息，如状态转移矩阵、噪声输入阵、过程噪声方差阵。从时间的推移过程来看，该两式将时间从 $k-1$ 时刻推进至 k 时刻，描述了 Kalman 滤波的时间更新过程。其余各式用来计算对时间更新值的修正量。该修正量由时间更新的质量优劣（$P(k|k-1)$）、观测信息的质量优劣（R）、观测与状态的关系（H）以及具体的观测信息 $Y(k)$ 确定。所有这些方程围绕一个目的，即正确、合理地利用观测 $Y(k)$，所以这一过程描述了 Kalman 滤波的观测更新过程。

3.1.3　Kalman 滤波的参数处理

1．噪声矩阵的处理

对于如式（3.9）和式（3.10）描述的系统，$W(k)$ 和 $V(k)$ 分别表示过程噪声和测量噪声。一般假设它们为高斯白噪声（White Gaussian Noise），它们的方差分别是 Q 和 R（一般假设它们不随系统状态变化而变化）。

在实际应用中，读者会问，如何知道系统的过程噪声 Q 和观测噪声 R 呢？对于观测噪声，也叫测量噪声，是与传感器测量精度息息相关的。例如，一个温度计的测量误差是 ±0.1℃；学生常用刻度尺测量距离，误差是 ±1mm；体重计测量体重的误差是 ±1g。根据这些信息，我们可以大致知道测量噪声的大小。一般地，观测噪声方差 R 是一个统计意义上的参数，可以理解为：对传感器测量的数据经过长期的概率统计，得出测量方差。例如，用温度计测量 100 次房间温度，100 次温度数据的方差为 $\hat{r}$，与该传感器真实方差 R 是非常接近的。同理，对于过程噪声 Q，是过程噪声方差。例如，在目标跟踪系统中，过程噪声往往是由路面摩擦力、空气阻力等因素造成的，在温度测量系统中，过程噪声是由于人体干扰、阳光照射、风等因素造成的，要准确获取 Q 是比较困难的，可以通过对比试验获得。例如，机器人小车在光滑的玻璃上行驶与在粗糙的路面上行驶，两者对比就可以获得在路面上的阻力因素，从而测得阻力噪声方差 Q。

2．特殊情况的处理

已经知道式（3.9）和式（3.10）中的滤波递推方法，对于一些与该系统形式不一致的特殊情况，需要重新讨论怎样把它转化为形同式（3.9）和式（3.10）的最优滤波问题。

（1）A、H 不确定。线性 Kalman 滤波严格要求系统为线性系统，噪声模型为高斯模型。对于不同系统，它的系统模型 A、H，状态变量 $X(k)$，噪声 Q、R 都是不一样的，要利用 Kalman 滤波处理噪声，首先要建立好系统的数学模型。当考虑到在某些系统中 A、H 事先不确定，并且噪声 $W(k)$、$V(k)$ 的统计特性也不知道（Q、R），具体地说是 A、H 或者 $W(k)$、$V(k)$ 的统计特性发生变化时，首先要估计变化的参数，进而调整滤波器的增益阵。在这种情况下，一般应用自适应滤波。

（2）含有控制量的系统描述。考虑如下系统，

$$X(k) = AX(k-1) + BU(k-1) + \Gamma W(k-1)$$
$$Y(k) = HX(k) + V(k)$$

（3.41）

式中，$U(k)$ 为控制量。这种情况同式（3.9）和式（3.10）的处理方法是相同的，只需要将控制量 $BU(k)$ 加到预测式中，增益阵和误差阵的递推式完全一致。

（3）形同式（3.9）和式（3.10），但系统噪声为有色噪声，即有

$$W(k) = \Pi W(k-1) + \xi(k-1)$$

式中，$\xi(k)$ 为白噪声。

处理的办法是将 $W(k)$ 也当作状态的一部分，则增广后的状态为

$$X^a(k) = \begin{bmatrix} X(k) \\ W(k) \end{bmatrix}$$

增广后的系统方程和观测方程可写为

$$\begin{bmatrix} X(k) \\ W(k) \end{bmatrix} = \begin{bmatrix} A & \Gamma \\ 0 & \Pi \end{bmatrix} \begin{bmatrix} X(k-1) \\ W(k-1) \end{bmatrix} + \begin{bmatrix} 0 \\ I \end{bmatrix} \xi(k)$$

$$Z(k) = \begin{bmatrix} H & 0 \end{bmatrix} \begin{bmatrix} X(k) \\ W(k) \end{bmatrix} + V(k)$$

可以简写为

$$X^a(k) = A^a X^a(k-1) + \Gamma^a W(k-1)$$
$$Z^a(k) = H^a X^a(k) + V(k)$$

（3.42）

此时即符合式（3.9）和式（3.10）所描述的一般形式。

Kalman 滤波算法具有如下特点。

（1）由于 Kalman 滤波算法将被估计的信号看作在白噪声作用下一个随机线性系统的输出，并且输入和输出关系是由状态方程和输出方程在时间域内给出的，因此这种滤波方法不仅适用于平稳随机过程的滤波，而且特别适用于非平稳或平稳马尔可夫序列和高斯-马尔可夫序列的滤波，应用范围是十分广泛的。

（2）Kalman 滤波算法是一种时间域滤波方法，采用状态空间描述系统。系统的过程噪声和量测噪声并不是需要滤除的对象，它们的统计特性正是估计过程中需要利用的信息，而被估计量和观测量在不同时刻的一、二阶矩却是不必要知道的。

（3）由于 Kalman 滤波的基本方程是时间域内的递推形式，计算过程是一个不

断地"预测-修正"的过程，在求解时不要求存储大量数据，并且一旦观测到了新的数据，随即可以算得新的滤波值，因此这种滤波方法非常适合于实时处理、计算机实现。

（4）由于滤波器的增益矩阵与观测无关，因此可预先离线算出，从而可以减少实时在线计算量。在求滤波器增益矩阵时，要求一个矩阵的逆，阶数只取决于观测方程的维数，而该维数通常很小，这样，求逆运算是比较方便的。另外，在求解滤波器增益的过程中，随时可以算得滤波器的精度指标 P，其对角线上的元素就是滤波误差向量各分量的方差。

3.2　Kalman 滤波在温度测量中的应用

3.2.1　原理介绍

到这里，读者也许还没弄明白 Kalman 滤波到底是怎样的一个过程。在此结合温度测量的例子，使读者可以直观了解 Kalman 滤波。

假设我们要研究的对象是一个房间的温度。根据经验判断，这个房间的温度大概在 25℃ 左右，可能受空气流通、阳光等因素影响，房间内温度会小幅度地波动。我们以分钟（min）为单位，定时测量房间温度，这里的 1min，可以理解为采样时间。假设测量温度时，外界的天气是多云，阳光照射时有时无，同时房间不是 100%密封的，可能有微小的与外界空气的交换，即引入过程噪声 $W(k)$，方差为 Q，大小假定为 Q=0.01（假如不考虑过程噪声的影响，即真实温度是恒定的，则 Q=0）。对照式（3.9）和式（3.10），相应地，A=1，Γ=1，Q=0.01，状态 $X(k)$是在第 $k$min 时的房间温度，是一维的。那么该系统的状态方程可以写为

$$X(k)= X(k-1)+W(k)$$

现在用温度计开始测量房间的温度，假设温度计的测量误差为±0.5℃，从出厂说明书上我们得知该温度计的方差为 0.25。也就是说，温度计第 k 次测量的数据不是 100%准确的，是有测量噪声 $V(k)$的，并且方差 R=0.25，因此测量方程为 $Z(k)=X(k)+V(k)$。

到此，读者很容易想到，该系统的状态和观测方程为

$$X(k) = AX(k-1) + \Gamma W(k-1)$$
$$Z(k) = HX(k) + V(k)$$

（3.43）

式中，$X(k)$是一维变量温度；A=1；Γ=1；H=1；$W(k)$和$V(k)$的方差为Q和R。

模型建好以后，就可以利用 Kalman 滤波了。假如要估算第 k 时刻的实际温度值，则首先要根据第 $k-1$ 时刻的温度值来预测 k 时刻的温度。

（1）假定第 $k-1$ 时刻的温度测量值为 23.9℃，房间真实温度为 24.0℃，则该测量值的偏差是 0.1℃，即协方差 $P(k-1)=0.1^2$。

（2）在第 k 时刻，房间的真实温度是 24.1℃，温度计在该时刻的测量值为 24.5℃，偏差为 0.4℃。我们用于估算第 k 时刻的温度值有两个，分别是 $k-1$ 时刻的 23.9℃和 k 时刻的 24.5℃，如何融合这两组数据，得到最逼近真实值的估计呢？

首先，利用 $k-1$ 时刻温度值预测第 k 时刻的温度值，预计偏差为 $P(k|k-1)=P(k-1)+Q=0.02$，计算 Kalman 增益 $K=P(k|k-1)/(P(k|k-1)+R)=0.0741$，那么这时候利用 k 时刻的观测值，得到温度的估计值为 $X(k)=23.9+0.0741\times(24.5-23.9)=23.944$℃。可见，与 23.9℃和 24.5℃相比较，Kalman 估计值 23.944℃更接近真实值 24.1℃。此时更新 k 时刻的偏差 $P(k)=(1-K*H)P(k|k-1)=0.0186$。最后由 $X(k)=23.944$℃和 $P(k)=0.0186$，可以继续对下一时刻观测数据 $Z(k+1)$ 进行更新和处理。

（3）这样，Kalman 滤波器就不断地把方差递归，从而估算出最优的温度值。当然，我们需要确定 Kalman 滤波器的两个初始值，分别是 $X(0)$ 和 $P(0)$。

运行 3.2.2 节所给出的程序得到如图 3.3 和图 3.4 所示的仿真结果。

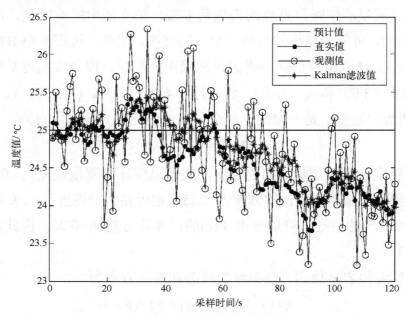

图 3.3　房间温度值估计

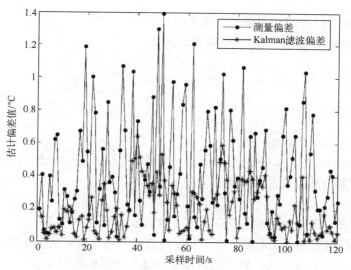

图 3.4　房间温度值误差分析

可以看出，Kalman 滤波值与温度计直接测量的值相比，大大降低了偏差，虽然 Kalman 滤波误差没有完全消失，但它使状态尽可能地逼近真实值。

3.2.2　MATLAB 仿真程序

```
%%%%%%%%%%%%%%%%%%%%%%%%%%%%%%%%%%%%%%%%%%%%%%%%%%%%%%%%%%%
% 功能说明：Kalman 滤波用在一维温度数据测量系统中
function main
%%%%%%%%%%%%%%%%%%%%%%%%%%%%%%%%%%%%%%%%%%%%%%%%%%%%%%%%%%%
N=120;% 采样点的个数，时间单位是分钟（min），可理解为试验进行了 60min 的测量
CON=25;% 室内温度的理论值，在这个理论值得基础上受过程噪声会有波动
% 对状态和测量初始化
Xexpect=CON*ones(1,N); % 期望的温度是恒定的 25℃，但真实温度不可能会这样的
X=zeros(1,N);      % 房间各时刻真实温度值
Xkf=zeros(1,N); % Kalman 滤波处理的状态，也叫估计值
Z=zeros(1,N);      % 温度计测量值
P=zeros(1,N);
% 赋初值
X(1)=25.1; % 假如初始值房间温度为 25.1℃
P(1)=0.01;   % 初始值的协方差
Z(1)=24.9;
Xkf(1)=Z(1); % 初始测量值为 24.9℃，可以作为滤波器的初始估计状态
% 噪声
Q=0.01;
R=0.25;
```

```
W=sqrt(Q)*randn(1,N); % 方差决定噪声的大小
V=sqrt(R)*randn(1,N); % 方差决定噪声的大小
% 系统矩阵
F=1;
G=1;
H=1;
I=eye(1); % 本系统状态为一维
%%%%%%%%%%%%%%%%%%%%%%%%%%%%%%%%%%%%%%%%%%%%%%%%%%%%%%
% 模拟房间温度和测量过程，并滤波
for k=2:N
    % 第一步：随时间推移，房间真实温度波动变化
    % k 时刻房间的真实温度，对于温度计来说，这个真实值是不知道的，但是它的
    % 存在又是客观事实，读者要深刻领悟这个计算机模拟过程
    X(k)=F*X(k-1)+G*W(k-1);

    % 第二步：随时间推移，获取实时数据
    % 温度计对 k 时刻房间温度的测量，Kalman 滤波是站在温度计角度进行的，
    % 它不知道此刻真实状态 X(k)，只能利用本次测量值 Z(k) 和上一次估计值
    % Xkf(k)来做处理，其目标是最大限度地降低测量噪声 R 的影响，尽可能
    % 地逼近 X(k)，这也是 Kalman 滤波的目的
    Z(k)=H*X(k)+V(k);
    % 第三步：Kalman 滤波
    % 有了 k 时刻的观测 Z(k) 和 k-1 时刻的状态，那么就可以进行滤波了，
    % 读者可以对照式（3.36）到式（3.40），理解滤波过程
    X_pre=F*Xkf(k-1);            % 状态预测
    P_pre=F*P(k-1)*F'+Q;         % 协方差预测
    Kg=P_pre*inv(H*P_pre*H'+R);  % 计算 Kalman 增益
    e=Z(k)-H*X_pre;              % 新息
    Xkf(k)=X_pre+Kg*e;           % 状态更新
    P(k)=(I-Kg*H)*P_pre;         % 协方差更新
end
%%%%%%%%%%%%%%%%%%%%%%%%%%%%%%%%%%%%%%%%%%%%%%%%%%%%%%
% 计算误差
Err_Messure=zeros(1,N);% 测量值与真实值之间的偏差
Err_Kalman=zeros(1,N); % Kalman 估计与真实值之间的偏差
for k=1:N
    Err_Messure(k)=abs(Z(k)-X(k));
    Err_Kalman(k)=abs(Xkf(k)-X(k));
end
```

```
t=1:N;
% figure('Name','Kalman Filter Simulation','NumberTitle','off');
figure    % 画图显示
% 依次输出理论值，叠加过程噪声（受波动影响）的真实值，
% 温度计测量值，Kalman 估计值
plot(t,Xexpect,'-b',t,X,'-r.',t,Z,'-ko',t,Xkf,'-g*');
legend('期望值','真实值','观测值','Kalman 滤波值');
xlabel('采样时间/s');
ylabel('温度值/℃');
% 误差分析图
figure    % 画图显示
plot(t,Err_Messure,'-b.',t,Err_Kalman,'-k*');
legend('测量偏差','Kalman 滤波偏差');
xlabel('采样时间/s');
ylabel('温度偏差值/℃');
%%%%%%%%%%%%%%%%%%%%%%%%%%%%%%%%%%%%%%%%%%%%%%%%%%%%%%%%
```

3.3　Kalman 滤波在自由落体运动目标跟踪中的应用

3.3.1　状态方程的建立

考察如图 3.5 所示的问题。某一物体在重力场做自由落体运动，观测装置对其位移进行检测，在传感器受到未知的独立分布随机信号的干扰下，我们需要估计该物体的运动位移和速度。

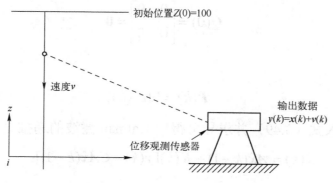

图 3.5　自由落体观测系统

对这样一个无噪声的二阶系统，它处于一个保守场中，即

$$\ddot{z} = -g, \quad t \geqslant 0 \tag{3.44}$$

63

设物体的位移 $z = x_1$ 和速度 $\dot{z} = x_2$，定义如下的向量：

$$\boldsymbol{x}(t) = \begin{bmatrix} x_1 \\ x_2 \end{bmatrix} \tag{3.45}$$

现在推导该自由落体目标的状态转移矩阵。由已有的运动学方程，容易得出该运动物体的状态方程：

$$\boldsymbol{x}(k) = \begin{bmatrix} 1 & 1 \\ 0 & 1 \end{bmatrix} \boldsymbol{x}(k-1) + \begin{bmatrix} 0.5 \\ 1 \end{bmatrix}(-g) \tag{3.46}$$

给定位置观测装置，在测量值受到某种独立，随机干扰 $v(k)$ 的影响时，其观测方程可写为

$$y(k) = x(k) + v(k) \tag{3.47}$$

即

$$y(k) = \begin{bmatrix} 1 & 0 \end{bmatrix} \boldsymbol{x}(k) + v(k) \tag{3.48}$$

给定 $v(k)$ 的方差 $R(k) = \sigma_\sigma^2 = 1$，物体的初始状态 $\boldsymbol{x}(t) = \begin{bmatrix} 95 \\ 1 \end{bmatrix}$，初始误差为

$$\boldsymbol{P}(0) = \begin{bmatrix} \sqrt{100} & 0 \\ 0 & \sqrt{1} \end{bmatrix}。$$

且由运动方程的物理模型可知

$$\boldsymbol{Q}(0) = \begin{bmatrix} 0 & 0 \\ 0 & 0 \end{bmatrix} = \boldsymbol{0}$$

定义均方误差：

$$\boldsymbol{P}(k) = \mathrm{E}[e^2(k)] \tag{3.49}$$

将式（3.45）代入式（3.49）并求导可得出 Kalman 滤波的递推过程。估计器为

$$\hat{\boldsymbol{x}}(k) = \boldsymbol{A}\hat{\boldsymbol{x}}(k-1) + \boldsymbol{K}(k)[y(k) - \boldsymbol{C}\boldsymbol{A}\hat{\boldsymbol{x}}(k-1)] \tag{3.50}$$

其中的递推关系式为

$$\begin{aligned} \boldsymbol{P}_1(k) &= \boldsymbol{A}\boldsymbol{P}(k-1)\boldsymbol{A}^{\mathrm{T}} + \boldsymbol{Q}(k-1) \\ \boldsymbol{K}(k) &= \boldsymbol{P}_1(k)\boldsymbol{C}^{\mathrm{T}}[\boldsymbol{C}\boldsymbol{P}_1(k)\boldsymbol{C}^{\mathrm{T}} + R]^{-1} \\ \boldsymbol{P}(k) &= \boldsymbol{P}_1(k) - \boldsymbol{K}(k)\boldsymbol{C}\boldsymbol{P}_1(k) \end{aligned} \tag{3.51}$$

考虑估计器表达式（3.50），把它分成两个部分，前者为预测，后者为修正。

$$\hat{x}(k) = \underbrace{A\hat{x}(k-1)}_{\text{预测项}} + \underbrace{\underbrace{K(k)}_{\text{增益矩阵}}[y(k) - CA\hat{x}(k-1)]}_{\text{修正项}} \tag{3.52}$$

第 k 时刻的估计是由第 $k-1$ 时刻的预测值加上修正量得到的，那么很容易得到 $k+1$ 时刻的预测值：

$$\hat{x}(k+1|k) = A\hat{x}(k) \tag{3.53}$$

将式（3.53）结合估计器的表达式，则得到 Kalman 的预测过程。Kalman 预测器为

$$\hat{x}(k+1|k) = A\hat{x}(k) = A\{A\hat{x}(k-1) + K(k)[y(k) - CA\hat{x}(k-1)]\} \tag{3.54}$$

其中的递推关系为式（3.51）。

按上述算法流程，对如式（3.46）描述的自由落体运动目标进行 Kalman 滤波和预测。图 3.6 是系统的噪声，在本例中忽略空气噪声等的影响，即过程噪声为 $Q=0$，图 3.6（a）展示了这一结果，当然读者也可以将 Q 设为非 0。图 3.6（b）展示了均值为 0、方差为 1 的测量噪声，可以看出，噪声最大值逼近 4，这是非常大的误差，意味着单次测量位置的偏差最大可达到 4m，这样的测距传感器应该早被淘汰了。

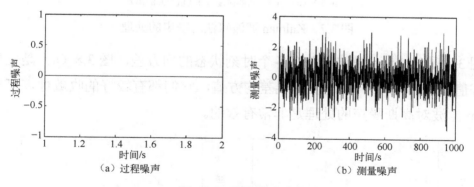

图 3.6　系统的噪声

图 3.7 是 Kalman 滤波算法对噪声的处理。从图 3.7（a）位置估计来看，测量值受到测量噪声的污染，但是 Kalman 滤波算法则很好地降低了噪声的干扰，在 $k=200$s 以后，位置偏差接近 0。图 3.7（b）是 Kalman 递推算法得到的速度偏差，容易看出，在经过少数的几次迭代后误差很快得到收敛。

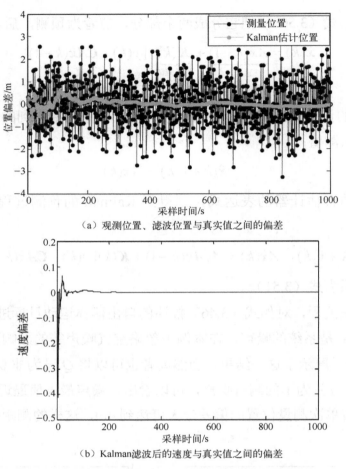

（a）观测位置、滤波位置与真实值之间的偏差

（b）Kalman滤波后的速度与真实值之间的偏差

图 3.7　Kalman 滤波算法对噪声的处理

图 3.8 是 Kalman 滤波算法在各个时刻状态的均方差，图 3.8（a）是位移的误差均方值，图 3.8（b）是速度的误差均方值，它们都有较好的收敛性，可见线性 Kalman 滤波对高斯噪声的处理是非常有效的。

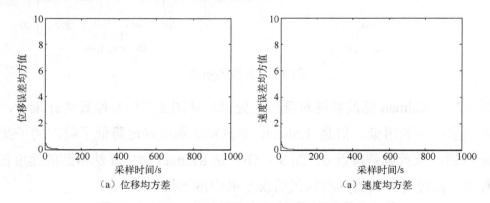

（a）位移均方差　　　　　　　　　　　（a）速度均方差

图 3.8　Kalman 滤波算法在各个时刻状态的均方差

3.3.2　MATLAB 仿真程序

```
%%%%%%%%%%%%%%%%%%%%%%%%%%%%%%%%%%%%%%%%%%%%%%%%%%%%%%%%%
% 功能说明：Kalman 滤波用于自由落体运动目标跟踪问题
%%%%%%%%%%%%%%%%%%%%%%%%%%%%%%%%%%%%%%%%%%%%%%%%%%%%%%%%%
function main
%%%%%%%%%%%%%%%%%%%%%%%%%%%%%%%%%%%%%%%%%%%%%%%%%%%%%%%%%
N=1000; %仿真时间，时间序列总数
% 噪声
Q=[0,0;0,0];        % 过程噪声方差为 0，即下落过程忽略空气阻力
R=1;                % 观测噪声方差
W=sqrt(Q)*randn(2,N);% 既然 Q 为 0，则 W=0；在此写出，方便对照理解
V=sqrt(R)*randn(1,N);% 测量噪声 V(k)
% 系统矩阵
A=[1,1;0,1];        % 状态转移矩阵
B=[0.5;1];          % 控制量
U=-1;
H=[1,0];            % 观测矩阵
% 初始化
X=zeros(2,N);       % 物体真实状态
X(:,1)=[95;1];      % 初始位移和速度
P0=[10,0;0,1];      % 初始误差
Z=zeros(1,N);
Z(1)=H*X(:,1);      % 初始观测值
Xkf=zeros(2,N);     % Kalman 估计状态初始化
Xkf(:,1)=X(:,1);
err_P=zeros(N,2);
err_P(1,1)=P0(1,1);
err_P(1,2)=P0(2,2);
I=eye(2);           % 二维系统
%%%%%%%%%%%%%%%%%%%%%%%%%%%%%%%%%%%%%%%%%%%%%%%%%%%%%%%%%
for k=2:N
    % 物体下落，受状态方程的驱动
    X(:,k)=A*X(:,k-1)+B*U+W(k);

    % 位移传感器对目标进行观测
```

```
        Z(k)=H*X(:,k)+V(k);

        % Kalman 滤波
        X_pre=A*Xkf(:,k-1)+B*U; % 状态预测
        P_pre=A*P0*A'+Q;   % 协方差预测
        Kg=P_pre*H'*inv(H*P_pre*H'+R); % 计算 Kalman 增益
        Xkf(:,k)=X_pre+Kg*(Z(k)-H*X_pre); % 状态更新
        P0=(I-Kg*H)*P_pre;% 方差更新

        % 误差均方值
        err_P(k,1)=P0(1,1);
        err_P(k,2)=P0(2,2);
end
%%%%%%%%%%%%%%%%%%%%%%%%%%%%%%%%%%%%%%%%%%%%%%%%%%%%%%
% 误差计算
messure_err_x=zeros(1,N); % 位移的测量误差
kalman_err_x=zeros(1,N); % Kalman 估计的位移与真实位移之间的偏差
kalman_err_v=zeros(1,N); % Kalman 估计的速度与真实速度之间的偏差
for k=1:N
        messure_err_x(k)=Z(k)-X(1,k);
        kalman_err_x(k)=Xkf(1,k)-X(1,k);
        kalman_err_v(k)=Xkf(2,k)-X(2,k);
end
%%%%%%%%%%%%%%%%%%%%%%%%%%%%%%%%%%%%%%%%%%%%%%%%%%%%%%
% 画图输出
% 噪声图
figure
plot(W);
xlabel('采样时间/s');
ylabel('过程噪声');
figure
plot(V);
xlabel('采样时间/s');
ylabel('测量噪声');
% 位置偏差
figure
hold on,box on;
```

```
plot(messure_err_x,'-r.'); %  测量的位移误差
plot(kalman_err_x,'-g.'); %  Kalman 估计位置误差
legend('测量位置','Kalman 估计位置')
xlabel('采样时间/s');
ylabel('位置偏差/m');
%  Kalman 速度偏差
figure
plot(kalman_err_v);
xlabel('采样时间/s');
ylabel('速度偏差');
%  均方值
figure
plot(err_P(:,1));
xlabel('采样时间/s');
ylabel('位移误差均方值');
figure
plot(err_P(:,1));
xlabel('采样时间/s');
ylabel('速度误差均方值');
%%%%%%%%%%%%%%%%%%%%%%%%%%%%%%%%%%%%%%%%%%%%%%%%%%%%%%%%%%
```

3.4　Kalman 滤波在船舶 GPS 导航定位系统中的应用

3.4.1　原理介绍

全球定位系统（Global Positioning System，GPS）广泛应用于军事和国民经济各领域。船舶 GPS 导航定位原理如图 3.9 所示，将一台 GPS 接收机安装在运动目标（船舶）上就可以进行导航定位计算。GPS 接收机可以实时收到在轨的导航卫星播发的信号，算出接受载体（船舶）的位置和速度。由于民用领域 GPS 导航卫星播发的信号人为加入了高频振荡随机干扰信号，致使所有派生的卫星信号均产生高频抖动。为了提高定位精度，需要对 GPS 关于船舶的位置和速度的观测信号进行滤波。在 GPS 系统中人为加入的高频随机干扰信号可看作 GPS 定位的观测噪声。观测噪声强度（方差）可由 GPS 观测信号用系统辨识方法求得。

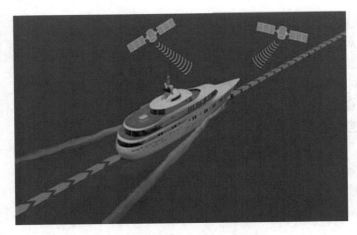

图 3.9 船舶 GPS 导航定位原理

为将模型简单化，假定船舶出港沿某直线方向航行。以港口码头的出发处为坐标原点，设采样时间为 T_0，用 $s(k)$ 表示船舶在采样时刻 kT_0 处的真实位置，用 $y(k)$ 表示在时刻 kT_0 处 GPS 定位的观测值，则有观测模型：

$$y(k) = s(k) + v(k) \tag{3.55}$$

式中，$v(k)$ 表示 GPS 定位误差（观测噪声），可假设它是零均值、方差为 σ_v^2 的白噪声，方差 σ_v^2 可以通过大量 GPS 观测试验数据用统计方法获取。记在时刻 kT_0 处船舶速度为 $\dot{s}(k)$，加速度为 $a(k)$，由匀加速运动公式有

$$s(k+1) = s(k) + \dot{s}(k)T_0 + 0.5T_0^2 a(k) \tag{3.56}$$

$$\dot{s}(k+1) = \dot{s}(k) + T_0 a(k) \tag{3.57}$$

而加速度 $a(k)$ 由机动加速度 $u(k)$ 和随机加速度 $w(k)$ 两部分合成，即

$$a(k) = u(k) + w(k) \tag{3.58}$$

式中，$u(k)$ 为船舶动力系统的控制信号，它是人为输出的已知机动信号；$w(k)$ 是由海风和海浪引起的随机加速度，假设它是零均值、方差为 σ_w^2 的独立于 $v(k)$ 的白噪声。定义在采样时刻 kT_0 处系统的状态 $\boldsymbol{x}(k)$ 为船舶的位置和速度，即

$$\boldsymbol{x}(k) = \begin{bmatrix} s(k) \\ \dot{s}(k) \end{bmatrix} \tag{3.59}$$

可得到船舶运动的状态方程为

$$\begin{bmatrix} s(k+1) \\ \dot{s}(k+1) \end{bmatrix} = \begin{bmatrix} 1 & T_0 \\ 0 & 1 \end{bmatrix} \begin{bmatrix} s(k) \\ \dot{s}(k) \end{bmatrix} + \begin{bmatrix} 0.5T_0^2 \\ T_0 \end{bmatrix} u(k) + \begin{bmatrix} 0.5T_0^2 \\ T_0 \end{bmatrix} w(k) \tag{3.60}$$

观测方程为

$$y(k) = [1 \quad 0] \begin{bmatrix} s(k) \\ \dot{s}(k) \end{bmatrix} + v(k) \tag{3.61}$$

即系统的状态空间模型为

$$\begin{aligned} x(k+1) &= \boldsymbol{\Phi} x(k) + \boldsymbol{B} u(k) + \boldsymbol{\Gamma} w(k) \\ y(k) &= \boldsymbol{H} x(k) + v(k) \end{aligned} \tag{3.62}$$

式中，

$$\boldsymbol{\Phi} = \begin{bmatrix} 1 & T_0 \\ 0 & 1 \end{bmatrix}, \quad \boldsymbol{B} = \boldsymbol{\Gamma} = \begin{bmatrix} 0.5T_0^2 \\ T_0 \end{bmatrix}, \quad \boldsymbol{H} = [1 \quad 0]$$

于是船舶 GPS 导航定位 Kalman 滤波问题是基于 GPS 观测数据（$y(1), y(2), \cdots, y(k)$），得到船舶在 k 时刻的位置 $s(k)$ 的最优估计 $\hat{s}(k\,|\,k)$。

在不考虑机动目标自身的动力因素时（$u(k)=0$），将匀速直线运动的船舶系统推广到四维，即

$$X(k) = [x(k) \ \dot{x}(k) \ y(k) \ \dot{y}(k)]^{\mathrm{T}} \tag{3.63}$$

状态包含水平方向的位置和速度和纵向的位置和速度，则系统方程可以用下式表示。

$$\begin{bmatrix} x(k) \\ \dot{x}(k) \\ y(k) \\ \dot{y}(k) \end{bmatrix} = \begin{bmatrix} 1 & T & 0 & 0 \\ 0 & 1 & 0 & 0 \\ 0 & 0 & 1 & T \\ 0 & 0 & 0 & 1 \end{bmatrix} \begin{bmatrix} x(k-1) \\ \dot{x}(k-1) \\ y(k-1) \\ \dot{y}(k-1) \end{bmatrix} + \begin{bmatrix} 0.5T^2 & 0 \\ T & 0 \\ 0 & 0.5T^2 \\ 0 & T \end{bmatrix} \boldsymbol{w}_{2\times1}(k) \tag{3.64}$$

$$Z(k) = \begin{bmatrix} 1 & 0 & 0 & 0 \\ 0 & 0 & 1 & 0 \end{bmatrix} \begin{bmatrix} x(k) \\ \dot{x}(k) \\ y(k) \\ \dot{y}(k) \end{bmatrix} + \boldsymbol{v}_{2\times1}(k) \tag{3.65}$$

假定船舶在二维水平面上运动，初始位置为（−100m, 200m），水平运动速度为 2m/s，垂直方向的运动速度为 20m/s，GPS 接收机的扫描周期为 T=1s，观测噪声的均值为 0，方差为 100。过程噪声越小，目标越接近匀速直线运动；反之，则为曲线运动。仿真得到以下结果。

图 3.10 中观测轨迹明显在振荡，说明测量噪声影响非常大，而经过 Kalman

滤波后，滤波估计比较接近目标的真实运动轨迹。

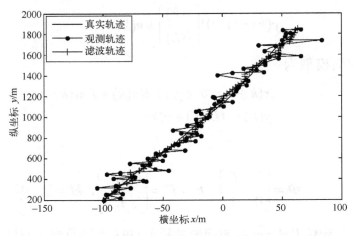

图 3.10　跟踪轨迹图

图 3.11 可以看出位移的观测噪声最大值接近 35m，对于目标运动场地（长约 1800m，宽约 250m）来说，这个噪声非常大，当然这也只限于仿真，实际传感器的测量误差不可能这么大。经过 Kalman 滤波之后，位置偏差降低到 10m 以下，可以看出，Kalman 滤波虽然不能完全消除噪声，但是它已经最大限度地降低了噪声的影响。

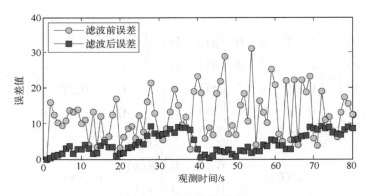

图 3.11　跟踪误差图

3.4.2　MATLAB 仿真程序

```
%%%%%%%%%%%%%%%%%%%%%%%%%%%%%%%%%%%%%%%%%%%%%%%%%%%%%%%
% 功能说明：Kalman 滤波在船舶 GPS 导航定位系统中的应用
%%%%%%%%%%%%%%%%%%%%%%%%%%%%%%%%%%%%%%%%%%%%%%%%%%%%%%%
function main
```

```
clc;clear;
T=1;%  雷达扫描周期
N=80/T; %  总的采样次数
X=zeros(4,N); %  目标真实位置、速度
X(:,1)=[-100,2,200,20];%  目标初始位置、速度
Z=zeros(2,N); %  传感器对位置的观测
Z(:,1)=[X(1,1),X(3,1)];    %  观测初始化
delta_w=1e-2;    %如果增大这个参数，目标真实轨迹就是曲线了
Q=delta_w*diag([0.5,1,0.5,1]) ; %  过程噪声均值
R=100*eye(2);    %  观测噪声均值
F=[1,T,0,0;0,1,0,0;0,0,1,T;0,0,0,1];    %  状态转移矩阵
H=[1,0,0,0;0,0,1,0];       %  观测矩阵
%%%%%%%%%%%%%%%%%%%%%%%%%%%%%%%%%%%%%%%%%%%%%%%%%%%%%%%%%%%
for t=2:N
    X(:,t)=F*X(:,t-1)+sqrtm(Q)*randn(4,1);%  目标真实轨迹
    Z(:,t)=H*X(:,t)+sqrtm(R)*randn(2,1); %  对目标观测
end
%  Kalman 滤波
Xkf=zeros(4,N);
Xkf(:,1)=X(:,1); %  Kalman 滤波状态初始化
P0=eye(4); %  协方差阵初始化
for i=2:N
    Xn=F*Xkf(:,i-1); %  预测
    P1=F*P0*F'+Q;%  预测误差协方差
    K=P1*H'*inv(H*P1*H'+R);%  增益
    Xkf(:,i)=Xn+K*(Z(:,i)-H*Xn);%  状态更新
    P0=(eye(4)-K*H)*P1;%  滤波误差协方差更新
end
%  误差分析
for i=1:N
    Err_Observation(i)=RMS(X(:,i),Z(:,i)); %  滤波前的误差
    Err_KalmanFilter(i)=RMS(X(:,i),Xkf(:,i)); %  滤波后的误差
end
%%%%%%%%%%%%%%%%%%%%%%%%%%%%%%%%%%%%%%%%%%%%%%%%%%%%%%%%%%%
%  画图
figure
hold on;box on;
```

```
plot(X(1,:),X(3,:),'-k'); %  真实轨迹
plot(Z(1,:),Z(2,:),'-b.'); %  观测轨迹
plot(Xkf(1,:),Xkf(3,:),'-r+'); %  Kalman 滤波轨迹
legend('真实轨迹','观测轨迹','滤波轨迹');
xlabel('横坐标 X/m');
ylabel('纵坐标 Y/m');
figure
hold on; box on;
plot(Err_Observation,'-ko','MarkerFace','g')
plot(Err_KalmanFilter,'-ks','MarkerFace','r')
legend('滤波前误差','滤波后误差')
xlabel('观测时间/s');
ylabel('误差值');
%%%%%%%%%%%%%%%%%%%%%%%%%%%%%%%%%%%%%%%%%%%%%%%%%%%%%%%%%%%
%  计算欧氏距离子函数
function dist=RMS(X1,X2);
if length(X2)<=2
    dist=sqrt( (X1(1)-X2(1))^2 + (X1(3)-X2(2))^2 );
else
    dist=sqrt( (X1(1)-X2(1))^2 + (X1(3)-X2(3))^2 );
end
%%%%%%%%%%%%%%%%%%%%%%%%%%%%%%%%%%%%%%%%%%%%%%%%%%%%%%%%%%%
```

3.5　Kalman 滤波在石油地震勘探中的应用

石油地震勘探原理是利用埋在地表下的炸药爆炸后产生的地震波在油层的反射系数序列提供的信息，来判断是否有油田及油田几何形状大小。因为反射系数序列可用 Bernoulli-Gaussian 白噪声来表示，因而白噪声估计问题就成为地震勘探的关键问题。Mendel 用 Kalman 滤波方法解决了这个问题，提出了系统的输入白噪声估计器，也叫白噪声反卷积滤波器。

3.5.1　石油地震勘探白噪声反卷积滤波原理

石油地震勘探作业和原理如图 3.12 和图 3.13 所示。炸药埋在地表下爆炸后产生的地震反射信号 $x(k)$ 由地表上的地震记录仪（传感器）接收，接收信号为 $z(k)$，其中 $z(k)$ 是被观测噪声 $v(k)$ 污染的信号。

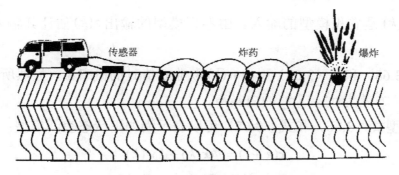

图 3.12　石油地震勘探作业

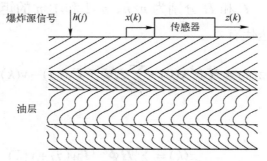

图 3.13　石油地震勘探原理

假设 $v(k)$ 是均值为 0、方差为 σ_v^2 的白噪声，可用如下卷积模型描述石油地震勘探系统。

$$x(k) = \sum_{j=1}^{k} h(k-j)w(j) \tag{3.66}$$

$$z(k) = x(k) + v(k) \tag{3.67}$$

式中，$h(j)$ 是与传感器有关的脉冲响应序列；$w(k)$ 为油层的反射系数序列，它包含是否有油田和油田几何形状大小的重要信息，通常可用 Bernoulli-Gaussian 白噪声描述，即

$$w(k) = b(k)g(k) \tag{3.68}$$

式中，$b(k)$ 为取值 0 和 1 的 Bernoulli 白噪声，取值概率为

$$P(b(k)) = \begin{cases} \lambda, & b(k) = 1 \\ 1-\lambda, & b(k) = 0 \end{cases} \tag{3.69}$$

而 $g(k)$ 是均值为 0、方差为 σ_g^2，且独立于 $b(k)$ 的 Gaussian 白噪声。石油地震勘探的关键技术在于寻求 $w(k)$ 的最优估计值。由式（3.66）和式（3.67）看到，反射

系数序列 $w(k)$ 是卷积模型的输入。由卷积模型的输出 $z(k)$ 估计其输入 $w(k)$ 叫反卷积。

由式（3.68）和式（3.69）引出 $w(k)$ 取非 0 值时的概率 λ，显然所引出的 $w(t)$ 是均值为 0、方差为 $\sigma_w^2 = \lambda \sigma_g^2$ 的白噪声。

卷积模型式（3.66）和式（3.67）可以表示为如下状态空间模型：

$$x(k+1) = \Phi x(k) + \Gamma w(k) \tag{3.70}$$

$$z(k) = H x(k) + v(k) \tag{3.71}$$

式中，$x(k) \in R^n$；Φ、Γ 和 H 分别为 $n \times n$、$n \times 1$ 和 $1 \times n$ 的矩阵。初值 $x(0) = 0$，事实上，由式（3.70）迭代有

$$z(k) = H \Phi^k x(0) + \sum_{j=1}^{k} H \Phi^{k-j} \Gamma w(j) + v(k) \tag{3.72}$$

由假设 $x(0) = 0$ 有

$$z(k) = \sum_{j=1}^{k} H \Phi^{k-j} \Gamma w(j) + v(k) \tag{3.73}$$

比较式（3.72）和式（3.73），有

$$h(i) = H \Phi^i \Gamma，\quad i = 1, 2, 3, \cdots \tag{3.74}$$

系数 $H \Phi^i \Gamma$ 被称为 Markov 参数。由已知的脉冲响应序列 $\{h(0), h(1), h(2), \cdots\}$ 求矩阵 Φ、Γ 和 H 及状态维数 n 的问题叫实现问题。

综上所述，石油地震勘探问题可归结为在状态空间模型式（3.66）和式（3.67）下基于输出 $z(k)$ 估计其输入 $w(k)$ 的反卷积估值器。

3.5.2　石油地震勘探白噪声反卷积滤波仿真实现

石油地震勘探输出白噪声（反射系数序列）最优估计问题如图 3.14 所示。

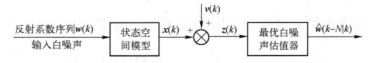

图 3.14　石油地震勘探输出白噪声（反射系数序列）最优估计问题

下面给出一个仿真例子说明白噪声反卷积滤波器的性能。

考虑随机系统：

$$x(k+1) = \begin{bmatrix} 1 & 0 \\ 0.3 & -0.5 \end{bmatrix} x(k) + \begin{bmatrix} -1 \\ 2 \end{bmatrix} w(k) \tag{3.75}$$

$$z(k) = \begin{bmatrix} 1 & 1 \end{bmatrix} x(k) + v(k) \tag{3.76}$$

式中，$w(k) = b(k)g(k)$ 是 Bernoulli-Gaussian 白噪声；$b(k)$ 是取值为 0 和 1 的 Bernoulli 白噪声，概率取值如式（3.69）；$g(k)$ 是均值为 0、方差为 σ_g^2 且独立于 $b(k)$ 的高斯白噪声。易知 $E[b(k)] = \lambda$，$E[b^2(k)] = \lambda$，$\sigma_w^2 = E[w^2(k)] = E[b^2(k)] = E[g^2(k)] = \lambda\sigma_g^2$。

仿真过程中，取 $\lambda = 0.3$，$\sigma_v^2 = 0.1$，$\sigma_g^2 = 49$，仿真结果如图 3.15 所示。图中，实线端点纵坐标为 $w(k)$，代表真实值；圆点纵坐标表示 $w(k)$ 的 Kalman 滤波的估计值。可以看到，$w(k)$ 是取值非零且稀疏的白噪声，$w(k)$ 只在个别处不为 0，且 $w(k)$ 取非零值的幅度和出现非零值的时刻都是随机的。仿真结果表明，$\hat{w}(k|k+2)$ 的估计精度比 $\hat{w}(k|k+1)$ 高，而 $\hat{w}(k|k+3)$ 又比 $\hat{w}(k|k+2)$ 的估计精度高。

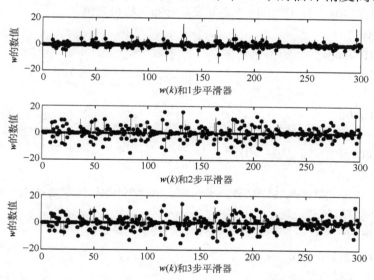

图 3.15　石油地震勘探输出白噪声估值器

3.5.3　MATLAB 仿真程序

```
%%%%%%%%%%%%%%%%%%%%%%%%%%%%%%%%%%%%%%%%%%%%%%%%%%%%%%%
% 功能说明：石油地震勘测输入白噪声估值器算法仿真程序
%%%%%%%%%%%%%%%%%%%%%%%%%%%%%%%%%%%%%%%%%%%%%%%%%%%%%%%
function Oil_Explore
%%%%%%%%%%%%%%%%%%%%%%%%%%%%%%%%%%%%%%%%%%%%%%%%%%%%%%%
```

```
% 参数初始化
clear all
T=300;   % 总时间
F=[1,0;0.3,-0.5];   % 状态转移矩阵
L=[-1,2]';  % 噪声矩阵
H=[1 1];   % 观测矩阵
R=0.1;  % 观测噪声的方差
n=2;  % 状态的维数
%%%%%%%%%%%%%%%%%%%%%%%%%%%%%%%%%%%%%%%%%%%%%%%%%%%%%%%%%%
% Bernoulli-Gaussian 白噪声生成器
Qg=49;   % g(t)的方差
longa=0.3;  % longa 的取值，b(t)的取值概率
Q=longa*Qg;   % w(t)的方差
randn('seed',13)
g=sqrt(Qg)*randn(1,T+10);   % 生成 g(t)
rand('state',1);
para=rand(1,T+10);   % 产生 0～1 之间高斯分布的随机数值
for t=1:T+10
    if para(t)<longa
        b(t)=1;
    else
        b(t)=0;
    end
    w(t)=b(t)*g(t);   % 产生 w(t)
end
%%%%%%%%%%%%%%%%%%%%%%%%%%%%%%%%%%%%%%%%%%%%%%%%%%%%%%%%%%
% 状态空间模拟部分
% 观测噪声 v(t)产生
v=sqrt(R)*randn(1,T+10);
% 产生状态和观测信息
X=zeros(2,T+10);
Z=zeros(1,T+10);
Z(1)=H*X(:,1)+v(1);
for t=2:T+10
    X(:,t)=F*X(:,t-1)+L*w(t-1);   % 状态方程
    Z(t)=H*X(:,t)+v(t); % 观测方程
end
%%%%%%%%%%%%%%%%%%%%%%%%%%%%%%%%%%%%%%%%%%%%%%%%%%%%%%%%%%
% Kalman 滤波部分
```

```
P0=eye(n);
Xe=zeros(n,T+10);
PP=[];
for t=1:T+8
    XX=F*X(:,t); %  状态预测
    %  计算协方差矩阵 P
    P=F*P0*F'+L*Q*L';
    PP=[PP,P];
    %  计算 Kalman 增益
    K(:,t)=P*H'*inv(H*P*H'+R);
    %  计算新息
    e(:,t)=Z(t)-H*XX;
    %  状态更新
    Xe(:,t)=XX+K(:,t)*e(:,t);
    %  方差更新
    P0=(eye(n)-K(:,t)*H)*P;
end
%%%%%%%%%%%%%%%%%%%%%%%%%%%%%%%%%%%%%%%%%%%%%%%%%%%%%%
%  白噪声估值器部分
N=3; %  取 N 步平滑
for t=1:T+8
    Persai(:,:,t)=F*(eye(n)-K(:,t)*H);
    Qe(:,:,t)=H*PP(:,2*(t-1)+1:2*t)*H'+R;
end
for t=1:T+5
    M(1,t)=Q*L'*H'*inv(Qe(:,:,t+1));
    M(2,t)=Q*L'*Persai(:,:,t+1)'*H'*inv(Qe(:,:,t+2));
    M(3,t)=Q*L'*Persai(:,:,t+2)'*Persai(:,:,t+1)'*H'*inv(Qe(:,:,t+3));
end
for t=1:T
    wjian(1,t)=M(1,t+1)*e(t+1); %  一步平滑
    wjian(2,t)=wjian(1,t)+M(2,t+2)*e(t+2);   %  二步平滑
    wjian(3,t)=wjian(2,t)+M(3,t+3)*e(t+3);    %  三步平滑
end
%%%%%%%%%%%%%%%%%%%%%%%%%%%%%%%%%%%%%%%%%%%%%%%%%%%%%%
%  画图部分
for Num=1:N
    subplot(3,1,Num);
    t=1:T;
```

```
        plot(t,wjian(Num,t),'b.');
        for t=1:T
                hh=line( [t,t],[0,w(t)] );
                set(hh,'color','k');
        end
        xlabel(['w(t)和',num2str(Num),'步平滑器'])
        ylabel('w 的数值')
end
%%%%%%%%%%%%%%%%%%%%%%%%%%%%%%%%%%%%%%%%%%%%%%%%%%%%%%%
```

3.6 Kalman 滤波在视频图像目标跟踪中的应用

雷达是通过发射波和反射波之间频率、相位、传输时间之间的关系探测目标并获取目标距离、速度等信息的。与雷达、声呐等传感器一样，摄像头也是采集数据的一种方式。摄像头采集的是图像信息，与雷达不同的是，摄像头获取的视频图像数据需要经过数字图像处理算法，检测并提取目标，最终获取目标的颜色、角度、位置等信息，利用这些信息实现对目标的检测和跟踪。在本节中，首先介绍视频图像处理中常用的几个函数，并用它们来对视频做简单的处理。读者可以参考视频图像处理的书籍，以便更深入掌握视频目标检测方法。

3.6.1 视频图像处理的基本方法

本节主要介绍 MATLAB 环境下的视频处理和跟踪算法研究。要在 MATLAB 下研究视频目标跟踪算法，首先要掌握最基本的视频处理方法，包括视频捕获和录制，视频导入和显示，对视频各帧操作，对每一帧中的像素处理的方法。只有掌握这些方法，才能开展视频目标跟踪的工作。

1．视频捕获和录制

要实现对视频目标跟踪，首先要获取视频。在视频监控领域，很多图像数据都是实时采集的。那么在 MATLAB 环境下如何实现对视频进行实时采集呢？在这里可以利用 MATLAB 视频工具箱，通过微软公司 Windows 操作系统提供的 VFW（Video For Windows）库函数来对 USB 摄像头进行操作。VFW 用于 Windows 环境下实现实时视频捕获。AVICAP.DLL 模块是 VFW 的一个重要组成部分，它的主要作用是实现视频捕捉。AVICAP 为应用程序提供了一个简单的、基于消息的接口，程序可以访问视频和波形音频硬件，并控制视频流到硬件的捕获。AVICAP 支持实时视频捕获和单帧捕获，并提供对视频流的控制。它能直接访问视频缓冲区，而不需要生成中间文件，实时性很强，效率高。在进行视频捕获之前需要创建一个捕获窗类，它是所有捕获操作及其设置的基础。

很多视频虽然是 AVI 格式的，但由于其编码方式不同导致 MATLAB 无法打开，而用 MATLAB 录制的 AVI 视频则不存在这个问题。通过 MATLAB 捕获和录制 AVI 视频过程中，有一个很重要的函数必须介绍，即 videoinput，如图 3.16 所示。它有 3 个重要的输入参数，分别是 adaptorname、deviceID、format，其他参数则可以有选择性地设置。如果不设置 deviceID 的话，系统会寻找第一个可用的图像采集设备，并使用它。如果计算机上安装了多个摄像头，那么就要设置它们的 ID 号。format 是视频格式，YUV 是视频格式之一，而 YUY2 则是 YUV 中的一种。

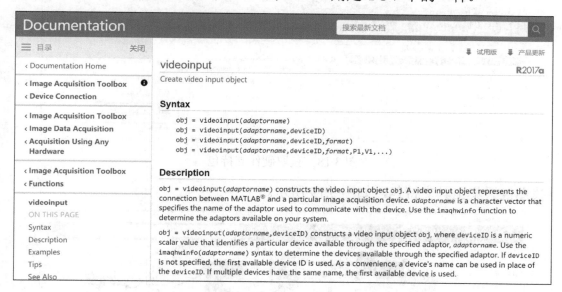

图 3.16　videoinput 函数

写本书第一版时用的是 MATLAB7.1，是较早的版本，能直接打开硬件。MATLAB 自身不支持直接读取摄像头数据，需要安装硬件支持包才可以获取。目前常用的有两个包：第一个是 MATLAB Support Package for USB Webcams，这个包可以获取任何 USB 摄像头的图像（UVC），也可以获取计算机自带摄像头的数据，兼容 R2014a 到 R2020a 的版本；第二个是 Image Acquisition Toolbox Support Package for OS Generic Video Interface，更加通用，也兼容 R2014a 到 R2020a 的版本，推荐读者用第二个。

首先在命令行窗口执行以下命令打开摄像头，测试是否可以调用 videoinput

函数。如果出现图 3.17 所示错误，即提示需要手动安装硬件支持包。

video_source=videoinput('winvideo',1)

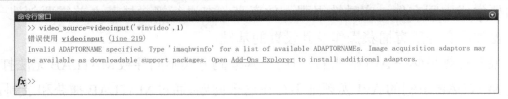

图 3.17　视频输入设备错误提示

在 MATLAB 软件执行命令"主页"→"附加功能"→"获取硬件支持包"，如图 3.18 所示。

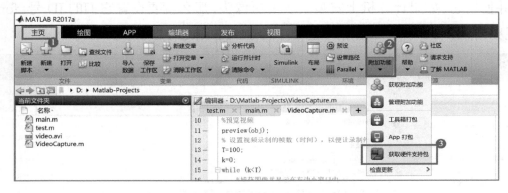

图 3.18　获取硬件支持包

寻找图像采集工具支持包，如图 3.19 所示。

图 3.19　图像采集工具支持包

找到 Image Acquisition Toolbox Support Package for OS Geniric Video Interface 选择安装即可。安装完成后，可以查看计算机上可用的图像采集设备。可以在窗口命令行分别输入下面几条指令。

第 1 条指令 imaqhwinfo 用于查看已安装的图像采集适配器，这里可以看到计算机上安装了一个图像采集设备 winvideo，如图 3.20 所示。

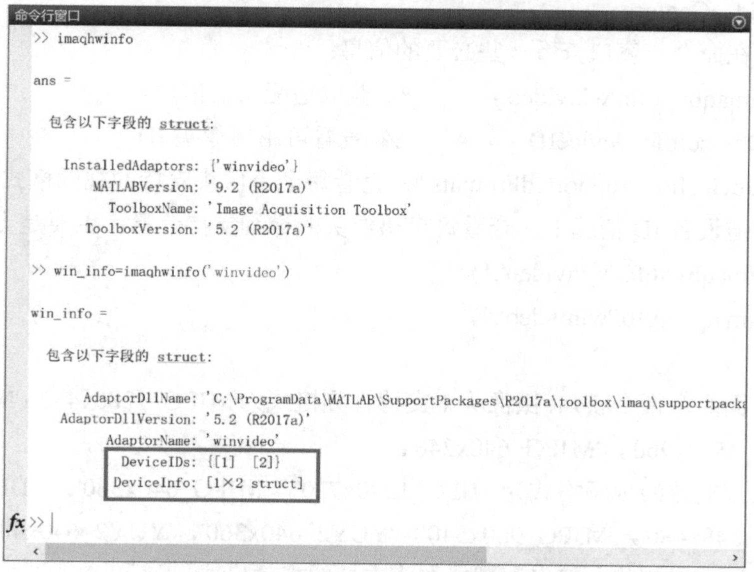

图 3.20　imaqhwinfo 指令查看设备

为了查看摄像头设备具体参数，使用第 2 条指令 imaqhwinfo 获取适配器的具体参数，返回连接在当前图像适配器 winvideo 上的所有摄像头的设备 ID 和设备信息。笔者的笔记本电脑上一共 2 个摄像头，一个是笔记本电脑内置的，一个是 USB 3.0 外置的摄像头。它们的 ID 分别为 1 和 2。

第 3 条指令可以看到本机共支持 7 种视频格式，分别为'MJPG_1280x720'、'MJPG_640x360'、'MJPG_640x480'、'MJPG_848x480'、'MJPG_960x540'、'YUY2_640x360' 和'YUY2_640x480'。在知道设备 ID 的情况下，也可以用 imaqhwinfo('winvideo',id) 指令查看具体某个摄像头所支持的视频格式，推荐用该方法。

```
info=imaqhwinfo
win_info=imaqhwinfo('winvideo')
win_info.DeviceInfo.SupportedFormats        % 查看适配器支持的视频格式
win_info=imaqhwinfo('winvideo',1)        % 在知道设备 ID 的情况下，查看对应视频格式
win_info=imaqhwinfo('winvideo',2)
```

有了以上的准备工作，接下来便可以玩转图像视频处理的相关开发了。下面我们通过一个完整的程序，介绍如何用 MATLAB 捕获摄像头画面，并将每一帧保存为视频文件到磁盘上。

```matlab
%%%%%%%%%%%%%%%%%%%%%%%%%%%%%%%%%%%%%%%%%%%%%%%%%%%%%%%%%
% 程序说明：这是一个视频捕获并录制的程序
function VideoCapture
% 首先：在命令行窗口查看一些必要的信息：
win_info=imaqhwinfo('winvideo')          % 获取适配器的信息
win_info.DeviceInfo.DeviceID                % 查看可用摄像头 ID
win_info.DeviceInfo.SupportedFormats % 查看每个摄像头支持的视频格式
% 或者知道设备 ID 情况下，查看每个摄像头的详细支持信息，主要是支持的视频格式
win_info=imaqhwinfo('winvideo',1)
win_info=imaqhwinfo('winvideo',2)

% 通过上面两个指令获知：摄像头 1 支持视频格式为'MJPG_1280x480','MJPG_2560x720'
% 'MJPG_2560x960',  'MJPG_640x240';
% 摄像头 2 支持的视频格式为'MJPG_1280x720',  'MJPG_640x360',  'MJPG_640x480',
% 'MJPG_848x480',  'MJPG_960x540',  'YUY2_640x360',  'YUY2_640x480'。
% 以上代码可以删除，仅仅测试摄像头支持的视频格式
% ------------------------------------------------------------
% 第 1 步：  视频的预览和采集
% 创建 ID 为 2 的摄像头的视频，视频格式为 MJPG_1280x720
video=videoinput('winvideo',2,'MJPG_1280x720');

set(video,'ReturnedColorSpace','rgb');   % 设置视频色彩
%set(video,'ReturnedColorSpace','grayscale');   % 与上面语句对比，这是灰度图像
vidReso=get(video,'VideoResolution')   % 获得视频的分辨率
width=vidReso(1)
height=vidReso(2)
nBands=get(video,'NumberOfBands')      % 色彩数目
% ------------------------------------------------------------
% 第 2 步，预览捕获的视频界面，相对简单
figure('Name','视频捕获效果展示','NumberTitle','Off','ToolBar','None','MenuBar','None')
hImage=image(zeros(height,width,nBands))
preview(video,hImage)
```

```
% ------------------------------------------------------------
% 第 3 步，把图像保存为视频文件
fileName='film'        % 保存视频的文件名字
nFrameNumber=100;   % 我们只保存 100 帧，就停止
writerObj=VideoWriter([fileName,'.avi']) % 创建一个写视频对象
writerObj.FrameRate=20;        % 每秒的帧数，也叫帧频
open(writerObj);

figure('Name','录制视频预览')
for i=1:nFrameNumber
    frame=getsnapshot(video);
    imshow(frame);
    f.cdata=frame;       % f 是临时创建的一个结构体
    f.colormap=colormap([]);
    writeVideo(writerObj,f);
end

% 关闭写视频对象
close(writerObj);
closepreview;
%%%%%%%%%%%%%%%%%%%%%%%%%%%%%%%%%%%%%%%%%%%%%%%%%%%%%%%%%%%%
```

以上程序运行时可以看到一个视频预览窗口（注意运行上面程序，请确保已经连接上摄像头，否则将看不到录制的视频）、一个录制显示窗口。程序运行结束，可以在 MATLAB 工作目录下看到录制的 AVI 视频。

2. 视频导入和显示

MATLAB 函数库里主要有 aviinfo、avifile、aviread、mmreader 和 movie 几个函数用于视频的导入和显示。由于 MATLAB 的版本更新非常快，有些函数可能在新的版本中被淘汰，而 MATLAB 对视频的读和写趋于用 VideoReader 和 VideoWriter 两个类完成。其实本节我们已经用 VideoWriter 创建了一个视频写对象，并用它来录制视频，接下来我们介绍 VideoReader 的用法。

语法：

```
v = VideoReader(filename)    % 创建目标对象 v 并从文件名 filename 读取视频数据
v = VideoReader(filename,Name,Value) % 可设置额外的可选项，由 name 和 value 决定
```

返回值 v 是一个结构体，它的各个字段的含义如下。

（1）Name：视频文件名。

（2）Path：视频文件路径。

（3）Duration：视频的总时长（秒）。

（4）FrameRate：视频帧速（帧/秒）。

（5）NumberOfFrames：视频的总帧数。

（6）Height：视频帧的高度。

（7）Width：视频帧的宽度。

（8）BitsPerPixel：视频帧每个像素的数据长度（比特）。

（9）VideoFormat：视频的类型，如 'RGB24'。

（10）Tag：视频对象的标识符，默认为空字符串"。

（11）Type：视频对象的类名，默认为'VideoReader'。

（12）UserData：默认为空 []，是视频中增加的辅助内容。

通过用以上类来读取一段视频，更直观了解其应用过程。读者需要准备一段 AVI 格式的视频，可以用本节前面的摄像头视频捕获的办法提前录制好一段视频，放置在 m 文件相同的目录下，并且将该段视频的名称命名为 video.avi。如果放在其他位置，请读者修改以下程序中的文件路径。读取并显示 AVI 格式的视频示例程序如下所示。

```
%%%%%%%%%%%%%%%%%%%%%%%%%%%%%%%%%%%%%%%%%%%%%%%%%%%%%
% 功能描述：读取并显示 AVI 视频程序
%%%%%%%%%%%%%%%%%%%%%%%%%%%%%%%%%%%%%%%%%%%%%%%%%%%%%
function ReadAndShowAVI
fileName = 'film.avi';
v = VideoReader(fileName)
% 第一种方法，通过总帧数来控制预览视频的时长
% numFrames = v.NumberOfFrames    % 帧的总数
% for k = 1 : numFrames % 读取数据
%        frame = read(v,k);
%        imshow(frame);% 显示帧
% end
% 第二种方法，也是 MATLAB 推荐的方法
while hasFrame(v)
    frame = readFrame(v);
```

```
    imshow(frame);    % 显示帧
end
whos frame %  查看其中一帧的信息
%%%%%%%%%%%%%%%%%%%%%%%%%%%%%%%%%%%%%%%%%%%%%%%%%%%%%%%
```

对于单幅图像常用 imshow 函数。imshow 是 MATLAB 中用于显示图像的函数，具体的调用格式可如下：

```
imshow(I,n)
imshow(I,[low high])
```

用指定的灰度范围 [low high] 显示灰度图像 I。显示结果中，图像中灰度值等于或低于 low 的都将用黑色显示，而灰度值大于等于 high 的都显示为白色，介于 low 和 high 之间的用其灰度级的默认值的中间色调显示。如果用了一个空矩阵[ ] 来代替 [low high]，imshow 函数将使用 $[\min(I(:))\max(I(:))]$ 作为第 2 个参数。

3．对视频帧的操作

下面给出一段简短的程序，主要功能是把视频的每一帧保存为 bmp 格式的图片存储在某个文件夹下。这里包含了读取视频、放映视频和视频帧处理这些步骤及每个步骤中涉及的其他重要函数，如读取图像帧大小的函数 imresize、保存图像的函数 imwrite 等。在窗口命令行输入 doc imwrite 可以看到关于该函数的介绍，如图 3.21 所示：其中第 1 个参数可以是 $M×N$ 灰度图像，也可以是 $M×N×4$ 的彩色图像；第 2 个参数是输出文件的名称；第 3 个参数是格式，可以是 bmp、gif、jpg 等。

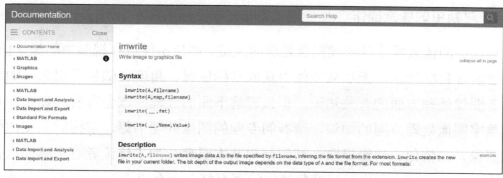

图 3.21　imwrite 函数的介绍

示例程序如下。

```
%%%%%%%%%%%%%%%%%%%%%%%%%%%%%%%%%%%%%%%%%%%%%%%%%%%%%%%%
%  功能描述：读取 AVI，并将 AVI 视频的每一帧转为 bmp 图片存储
```

```
%%%%%%%%%%%%%%%%%%%%%%%%%%%%%%%%%%%%%%%%%%%%%%%%%%%%%%%%
function ProcessFrame
fileName = 'film.avi';    % 文件名，注意视频文件与本程序放在同一个目录下
v = VideoReader(fileName)         % 创建读取视频对象
numFrames = v.NumberOfFrames    % 帧的总数
% 将读取的视频显示
figure('Name','show the movie');
%%%%%%%%%%%%%%%%%%%%%%%%%%%%%%%%%%%%%%%%%%%%%%%%%%%%%%%%%
% 将每一帧转为 bmp 图片序列，在 work 文件夹下创建空文件夹 imageFrame
for k=1:numFrames
    frame = read(v,k);     % 获取视频帧
    imshow(frame);              % 显示帧
    % 对每一帧序列命名并且编号
    bmpName=strcat('D:\Matlab-Projects\frames\image',int2str(k),'.bmp');
    % 把每帧图像存入硬盘
    imwrite(frame,bmpName,'bmp');
    pause(0.02);
end
%%%%%%%%%%%%%%%%%%%%%%%%%%%%%%%%%%%%%%%%%%%%%%%%%%%%%%%%
```

运行程序，可以在 D:\Matlab-Projects\frames\ 文件夹下看到一组命名为 image1、image2、…、image100 的图像序列。这个过程就是读取视频帧，并将视频序列帧保存为一幅一幅的图像，命名时统一采用"image+序号"的形式。

4. 对帧中的像素操作

对帧中的像素操作是视频图像处理的关键。如果不能进行视频中的像素操作，就无法实现目标检测，无法从图像中获取目标位置、角度、颜色等信息。如果读者具备图像处理方面的有关知识，那么理解下面的过程应该会容易。如果读者不具备数字图像处理方面的知识，请参阅专业的图像处理书籍，掌握对灰度图像、彩色图像、二值化、边缘提取、帧间差等基本原理。为了让读者有个感性认识，这里给出一个实例，实现对视频各帧中的画面打上一个"十"字的 logo，读者将其中的像素设为 0 或者 255，看看它是否成为一片白色或者为黑色区域。

读者需要在 MATLAB 工作目录下准备一段名称为 video.avi 的视频和一张名为 logo.png 的"+"图片。示例程序如下。

```
%%%%%%%%%%%%%%%%%%%%%%%%%%%%%%%%%%%%%%%%%%%%%%%%%%%%%%%%%%%
% 功能描述：操作视频帧中的像素，在每一帧中打上标签
%%%%%%%%%%%%%%%%%%%%%%%%%%%%%%%%%%%%%%%%%%%%%%%%%%%%%%%%%%%
function ProcessPixel
% 读取存放在工作目录下的 film.avi
fileName = 'film.avi';    % 文件名，注意视频文件与本程序放在同一个目录下
v = VideoReader(fileName);         % 创建读取视频对象
% 读取一张 logo 图像，用于替换视频的某一部分
imageLogo=imread('logo.png');
% 获取图像的大小，第二个参数不能大于 1，是缩放参数（即原图像的 0.5 倍）
imageSize= imresize(imageLogo,1);
% 读者可以准备一张灰度图像，看看下面的 channel 是多少
[height width channel] = size(imageSize)
% 读取所有的帧
while hasFrame(v)
    % 获取视频帧，非常重要
    frame=readFrame(v);
    % 将原视频显示在左边
    subplot(1,2,1);
    imshow(frame);
    xlabel('The original video')
    % 下面对原图像进行像素级别的修改
    frameCopy=frame;
    for i=1:height
        for j=1:width
            for k=1:channel
                % 像素复制（替换）
                frameCopy(i,j,k)=imageLogo(i,j,k);
                % 读者可以尝试改成其他值，如下：
                % frameCopy(i,j,k)=255;
            end
        end
    end
    % 将处理过的视频放在右边
    subplot(1,2,2);
```

```
        imshow(frameCopy)
        xlabel('The processed video')
end
%%%%%%%%%%%%%%%%%%%%%%%%%%%%%%%%%%%%%%%%%%%%%%%%%%%%%%%%%
```

运行程序，看到如图 3.22 所示的结果，其中，左边的是原视频，右边的视频中左上角被贴上一个标签。

（a）原视频　　　　　　　　　　　　（b）在每帧中打上标签后的视频

图 3.22　原视频和在每帧中打上标签后的视频

3.6.2　Kalman 滤波对自由下落的皮球跟踪应用

有了 3.6.1 节的视频图像处理基础，现在可以对自由下落的皮球视频图像进行跟踪处理了。对于如图 3.23 所示的自由下落的皮球，要在视频中检测到目标，主要检测目标中心，即红心皮球的质心。在模型建立时可以将该质心抽象成为一个质点，坐标为 (x, y)。

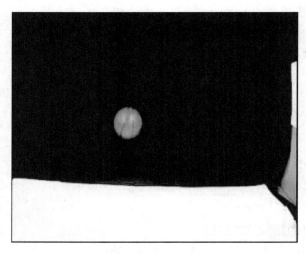

图 3.23　自由下落的皮球

定义皮球下落过程中的状态为 $\boldsymbol{X}(k) = [x \quad y \quad \dot{x} \quad \dot{y}]^{\mathrm{T}}$，状态方程如下。

$$\boldsymbol{X}(k+1) = \begin{bmatrix} 1 & \mathrm{d}t & 0 & 0 \\ 0 & 1 & \mathrm{d}t & 0 \\ 0 & 0 & 1 & 0 \\ 0 & 0 & 0 & 1 \end{bmatrix} \boldsymbol{X}(k) + \begin{bmatrix} 0 \\ 0 \\ 0 \\ g \end{bmatrix} W(k) \tag{3.77}$$

状态方程是典型的位置-速度模型，其中 $\mathrm{d}t$ 为采样时间间隔。该模型表明，仅在 y 方向的速度受到过程噪声的干扰，其他分量的过程噪声为 0。

有了图像信息，对于背景不复杂且没有杂物干扰的视频画面，我们可以利用最简单的帧差法获得图像中运动目标，前提是保证摄像机是固定的，仅允许摄像机视野内的目标运动，这样帧差法非常有效，提取的目标位置信息也非常准确。很显然，我们需要将视频前后 2 帧作差，得到目标的位置信息，那么观测方程可以写为

$$\boldsymbol{Z}(k) = \begin{bmatrix} 1 & 0 & 0 & 0 \\ 0 & 1 & 0 & 0 \end{bmatrix} \boldsymbol{X}(k) + V(k) \tag{3.78}$$

在这个过程中，找到质心 (x, y) 的过程与雷达目标跟踪中观测目标位置类似，可以对比式（3.64）和式（3.65），它们的状态方程和观测方程几乎是一致的。对于复杂的背景，或者摄像头拍摄画面时，摄像头也是动态的，读者需要建立好相对运动模型。同时对于有干扰的，背景杂物多的视频画面，则需要借助更复杂的目标运动检测算法，在此不再赘述。图 3.24 和图 3.25 是一个利用帧差法检测运动中的皮球，并计算其位置对其跟踪的实例。

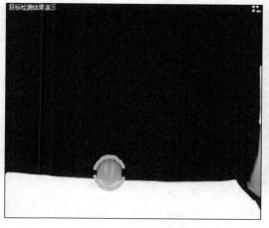

图 3.24　检测下落的皮球

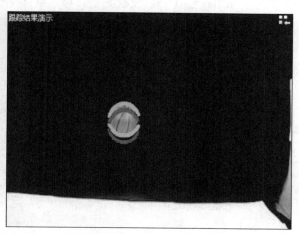

图 3.25　跟踪下落的皮球

3.6.3 目标检测 MATLAB 程序

```
%%%%%%%%%%%%%%%%%%%%%%%%%%%%%%%%%%%%%%%%%%%%%%%%%%%%%%%
% 文件名：detect.m
% 功能说明：目标检测函数，主要完成将目标从背景中提取出来
%%%%%%%%%%%%%%%%%%%%%%%%%%%%%%%%%%%%%%%%%%%%%%%%%%%%%%%
function detect
clear,clc;     % 清除所有内存变量、图形窗口
% 计算背景图片数目
Imzero = zeros(240,320,3);
for i = 1:5
    % 将图像文件 i.jpg 的图像像素数据读入矩阵 Im
    Im{i} = double(imread(['DATA/',int2str(i),'.jpg']));
    Imzero = Im{i}+Imzero;
end
Imback = Imzero/5;
[MR,MC,Dim] = size(Imback);
% 遍历所有图片
for i = 1 : 60
    % 读取所有帧
    Im = (imread(['DATA/',int2str(i), '.jpg']));
    imshow(Im);   % 显示图像 Im，图像对比度低
    Imwork = double(Im);
    % 检测目标
    [cc(i),cr(i),radius,flag] = extractball(Imwork,Imback,i);%,fig1,fig2,fig3,fig15,i);
    if flag==0   % 没检测到目标，继续下一帧图像
        continue
    end
    hold on
    for c = -0.9*radius: radius/20 : 0.9*radius
        r = sqrt(radius^2-c^2);
        plot(cc(i)+c,cr(i)+r,'g.')
        plot(cc(i)+c,cr(i)-r,'g.')
    end
    % Slow motion!
    pause(0.02)
end
% 目标中心的位置，也就是目标的 x、y 坐标
```

```matlab
figure
plot(cr,'-g*')
hold on
plot(cc,'-r*')
%%%%%%%%%%%%%%%%%%%%%%%%%%%%%%%%%%%%%%%%%%%%%%%%%%%%%%%
% 提取目标区域的中心和能包含目标的最大半径　（子函数）
function [cc,cr,radius,flag]=extractball(Imwork,Imback,index)
% 初始化目标区域中心的坐标、半径
cc = 0; cr = 0; radius = 0; flag = 0;
  [MR,MC,Dim] = size(Imback);
% 除去背景，找到最大的不同区域（也即目标区域）
fore = zeros(MR,MC);
% 背景相减，得到目标
fore = (abs(Imwork(:,:,1)-Imback(:,:,1)) > 10) ...
    | (abs(Imwork(:,:,2) - Imback(:,:,2)) > 10) ...
    | (abs(Imwork(:,:,3) - Imback(:,:,3)) > 10);
% 图像腐蚀，除去微小的白噪声点
% bwmorph 该函数的功能是：提取二进制图像的轮廓
foremm = bwmorph(fore,'erode',2); % "2" 为次数
% 选取最大的目标
labeled = bwlabel(foremm,4);% 黑背景中甄别有多少白块块，4-联通（上下左右）
% labeled 是标记矩阵，图像分割后对不同的区域进行不同的标记
stats = regionprops(labeled,['basic']); % basic mohem nist
[N,W] = size(stats);
if N < 1
    return   % 一个目标区域也没检测到就返回
end
% 在 N 个区域中，冒泡算法（从大到小）排序
id = zeros(N);
for i = 1 : N
    id(i) = i;
end
for i = 1 : N-1
    for j = i+1 : N
        if stats(i).Area < stats(j).Area
            % 冒泡算法程序
            tmp = stats(i);
            stats(i) = stats(j);
            stats(j) = tmp;
```

```
            tmp = id(i);
            id(i) = id(j);
            id(j) = tmp;
        end
    end
end
% 确保至少有一个较大的区域（具体如下，最大区域面积要大于100）
if stats(1).Area < 100
    return
end
selected = (labeled==id(1));
% 计算最大区域的中心和半径
centroid = stats(1).Centroid;
radius = sqrt(stats(1).Area/pi);
cc = centroid(1);
cr = centroid(2);
flag = 1; % 检测到目标，将标志设置为1
return
```

3.6.4　Kalman 滤波视频跟踪 MATLAB 程序

```
%%%%%%%%%%%%%%%%%%%%%%%%%%%%%%%%%%%%%%%%%%%%%%%%%%%
% 文件名：kalman.m
% 功能说明：  Kalman 滤波算法实现视频目标位置跟踪
%            主要滤除跟踪过程的观测噪声
%%%%%%%%%%%%%%%%%%%%%%%%%%%%%%%%%%%%%%%%%%%%%%%%%%%
function kalman
clear,clc
% 计算背景图像
Imzero = zeros(240,320,3);
for i = 1:5
    Im{i} = double(imread(['DATA/',int2str(i),'.jpg']));
    Imzero = Im{i}+Imzero;
end
Imback = Imzero/5;
[MR,MC,Dim] = size(Imback);
% Kalman 滤波器初始化
R=[[0.2845,0.0045]',[0.0045,0.0455]'];      % 观测噪声
H=[1 0 0 0;0 1 0 0];                        % 观测矩阵
```

```
Q=0.01*eye(4);                              %  过程噪声方差初始化
P = 100*eye(4);                             %  协方差初始化
dt=1;                                       %  采样时间间隔
A=[[1,0,0,0]',[0,1,0,0]',[dt,0,1,0]',[0,dt,0,1]'];    %  状态转移矩阵
g = 6;                      %  pixels^2/time step
Bu = [0,0,0,g]';            %  过程噪声驱动矩阵，也即加速度
kfinit=0;                   %  Kalman 滤波器初始化标志位
x=zeros(100,4);
%  遍历所有图像帧
for i = 1 : 60
    %  读取图像帧
    Im = (imread(['DATA/',int2str(i), '.jpg']));
    imshow(Im)
    imshow(Im)
    Imwork = double(Im);
    %  调用目标检测函数，提取视频中的球
    [cc(i),cr(i),radius,flag] = extractball(Imwork,Imback,i);
    if flag==0              %  没检测到球，跳到下一帧图像
        continue
    end
    hold on
    for c = -1*radius: radius/20 : 1*radius
        r = sqrt(radius^2-c^2);
        plot(cc(i)+c,cr(i)+r,'g.')
        plot(cc(i)+c,cr(i)-r,'g.')
end
    %  Kalman  滤波算法
    i                      %  显示图像帧的进度
if kfinit==0               %  如果 Kalman 滤波标志位为 0，说明状态没有初始化
    xp = [MC/2,MR/2,0,0]' ;          %  给出初始状态
else
        xp=A*x(i-1,:)' + Bu;         %  状态预测
end
kfinit=1;                  %  状态初始化以后，将标志位置成 1
    PP = A*P*A' + Q ;               %  协方差预测
    K = PP*H'*inv(H*PP*H'+R);       %  Kalman 增益
    x(i,:) = (xp + K*([cc(i),cr(i)]' - H*xp))';       %  目标状态更新
    P = (eye(4)-K*H)*PP;            %  协方差更新
    hold on
```

```
        for c = -1*radius: radius/20 : 1*radius
            r = sqrt(radius^2-c^2);
            % 红色的为 Kalman 滤波器估计的位置
            % 以目标区域的中心及半径 radius 画圆，表示跟踪区域
            plot(x(i,1)+c,x(i,2)+r,'r.');
            plot(x(i,1)+c,x(i,2)-r,'r.') ;
        end
        pause(0.3);
end
%%%%%%%%%%%%%%%%%%%%%%%%%%%%%%%%%%%%%%%%%%%%%%%%%%%%%%%
% 画图，对比观测值和滤波器估计值的位置比较
figure
% x 方向
hold on; box on;
plot(cc,'-r*')
plot(x(:,1),'-b.')
figure
% y 方向
hold on; box on;
plot(cr,'-g*')
plot(x(:,2),'-b.')
%%%%%%%%%%%%%%%%%%%%%%%%%%%%%%%%%%%%%%%%%%%%%%%%%%%%%%%
% 从球的状态中，估计图像的观测噪声方差 R
posn = [cc(55:60)',cr(55:60)'];
mp = mean(posn);
diffp = posn - ones(6,1)*mp;
Rnew = (diffp'*diffp)/5;
%%%%%%%%%%%%%%%%%%%%%%%%%%%%%%%%%%%%%%%%%%%%%%%%%%%%%%%
```

其中，3.6.3 节和 3.6.4 节都需要调用的一个子函数是 extractbll()，它的实现如下。

```
%%%%%%%%%%%%%%%%%%%%%%%%%%%%%%%%%%%%%%%%%%%%%%%%%%%%%%%
% 文件名：extractball.m
% 功能说明：
%           目标提取子函数，提取目标区域的中心和能包含目标的最大半径
%%%%%%%%%%%%%%%%%%%%%%%%%%%%%%%%%%%%%%%%%%%%%%%%%%%%%%%
function [cc,cr,radius,flag]=extractball(Imwork,Imback,index)
% 初始化目标区域中心的坐标、半径
cc = 0;         % 目标中心 x 坐标
cr = 0;         % 目标中心 y 坐标
```

```
radius = 0;      % 目标区域半径
flag = 0;        % 检测到目标标志
[MR,MC,Dim] = size(Imback);
% 除去背景，找到最大的不同区域（也即目标区域）
fore = zeros(MR,MC);
% 背景相减，得到目标
fore = (abs(Imwork(:,:,1)-Imback(:,:,1)) > 10) ...
      | (abs(Imwork(:,:,2) - Imback(:,:,2)) > 10) ...
      | (abs(Imwork(:,:,3) - Imback(:,:,3)) > 10);
% 图像腐蚀，除去微小的白噪声点
% bwmorph 该函数的功能是：提取二进制图像的轮廓
foremm = bwmorph(fore,'erode',2);      % "2"为次数
% 选取最大的目标
labeled = bwlabel(foremm,4);      % 黑背景中甄别有多少白块块，4-联通（上下左右）
% labeled 是标记矩阵，图像分割后对不同的区域进行不同的标记
stats = regionprops(labeled,['basic']);      % basic mohem nist
[N,W] = size(stats);
if N < 1
    return      % 一个目标区域也没检测到就返回
end
% 在 N 个区域中，冒泡算法（从大到小）排序
id = zeros(N);
for i = 1 : N
    id(i) = i;
end
% 将检测到的目标区域按照从大到小排列（冒泡排序）
for i = 1 : N-1
    for j = i+1 : N
        if stats(i).Area < stats(j).Area
            % 冒泡算法程序
            tmp = stats(i);
            stats(i) = stats(j);
            stats(j) = tmp;
            tmp = id(i);
            id(i) = id(j);
            id(j) = tmp;
        end
    end
end
% 确保至少有一个较大的区域（具体如下，最大区域面积要大于 100）
```

```
if stats(1).Area < 100
        return   %  如果第一个（也是最大的目标区域）都不符合，则没有检测到目标，返回
end
selected = (labeled==id(1));
%  计算最大区域的中心和半径
centroid = stats(1).Centroid;
radius = sqrt(stats(1).Area/pi);
cc = centroid(1); %  相当于 x，中心坐标位置
cr = centroid(2); %  相当于 y
flag = 1; %  检测到目标，将标志设置为 1
return
%%%%%%%%%%%%%%%%%%%%%%%%%%%%%%%%%%%%%%%%%%%%%%%%%%%%%%%%
```

3.7   奶牛尾部图像目标跟踪

基于视频图像的动物运动跟踪技术有助于分析动物的行为习性和疾病异常等。近年来，机器视觉技术和基于人工智能的目标检测算法大量应用于运动目标的检测和跟踪，Kalman 滤波在人工智能和深度学习的大背景下，依然能够发光发热，主要还是在于其强大的数字信号处理能力。本节主要介绍在规模化牧场中应用 Kalman 滤波算法解决奶牛个体目标跟踪的问题。

3.7.1   目标运动建模

为了检测奶牛的跛行和进出过道的数目统计，在奶牛挤奶通道上方部署网络摄像机。奶牛、摄像机和坐标系构成了一个目标跟踪系统。无论是主动跟踪还是被动跟踪，都需要观测站（摄像机）采集目标运动数据，同时将数据映射到坐标系中形成轨迹或者航迹，最终供决策者使用。摄像机是个功能强大的观测站，在摄像机前掠过的所有图像都是观测信息。本项目在挤奶通道上安装摄像机，用于观测奶牛的体表健康、体形参数和行为分析。摄像头获取目标场景画面，在目标场景中提取出目标即目标检测的内容，可以通过深度学习算法，这里不做介绍。如图 3.26 所示，本研究从某段视频中抽取了 3 帧图像，分别是第 33 帧、43 帧和 53 帧。

很显然，用深度学习算法检测奶牛尾部图像，提取出核心位置的矩形框，计算得到奶牛尾部中心点 k 时刻的位置为 $P(x_k, y_k)$。同时假定视频播放的速度为每秒 25 帧，那么两帧之间的时间间隔 $\Delta t = 40\text{ms}$，则奶牛在摄像机前的行走速度可以通过式（3.79）计算得到。

（a）第33帧　　　　　　（b）第43帧　　　　　　（c）第53帧

图 3.26　视频帧中的目标位置

$$\begin{cases} \dot{x} = \dfrac{x_2 - x_1}{10\Delta t} \\ \dot{y} = \dfrac{y_2 - y_1}{10\Delta t} \end{cases} \tag{3.79}$$

奶牛在摄像机前行走，假定其做匀速直线运动，k 时刻的状态包含位置和速度信息，即 $\boldsymbol{X}(k) = [x(k), \dot{x}(k), y(k), \dot{y}(k)]^{\mathrm{T}}$，运动状态方程如下：

$$\begin{cases} x(k) = x(k-1) + \dot{x}(k-1)\Delta t + 0.5\Delta t^2 w_x(k-1) \\ \dot{x}(k) = \dot{x}(k-1) + \Delta t \cdot w_{\dot{x}}(k-1) \\ y(k) = y(k-1) + \dot{y}(k-1)\Delta t + 0.5\Delta t^2 w_y(k-1) \\ \dot{y}(k) = \dot{y}(k-1) + \Delta t \cdot w_{\dot{y}}(k-1) \end{cases} \tag{3.80}$$

把式（3.80）表示成矩阵的形式，得到式（3.81）：

$$\begin{bmatrix} x(k) \\ \dot{x}(k) \\ y(k) \\ \dot{y}(k) \end{bmatrix} = \begin{bmatrix} 1 & \Delta t & 0 & 0 \\ 0 & 1 & 0 & 0 \\ 0 & 0 & 1 & \Delta t \\ 0 & 0 & 0 & 1 \end{bmatrix} \begin{bmatrix} x(k-1) \\ \dot{x}(k-1) \\ y(k-1) \\ \dot{y}(k-1) \end{bmatrix} + \begin{bmatrix} 0.5\Delta t^2 & 0 \\ \Delta t & 0 \\ & 0.5\Delta t^2 \\ & \Delta t \end{bmatrix} \begin{bmatrix} w_x(k-1) \\ w_{\dot{x}}(k-1) \\ w_y(k-1) \\ w_{\dot{y}}(k-1) \end{bmatrix} \tag{3.81}$$

摄像机对目标观测，提取目标的位置中心 $Z(k) = [x(k), y(k)]^{\mathrm{T}}$，得到测量方程如下：

$$\begin{bmatrix} x(k) \\ y(k) \end{bmatrix} = \begin{bmatrix} 1 & 0 & 0 & 0 \\ 0 & 0 & 1 & 0 \end{bmatrix} \begin{bmatrix} x(k) \\ \dot{x}(k) \\ y(k) \\ \dot{y}(k) \end{bmatrix} + \begin{bmatrix} 1 & 0 \\ 0 & 1 \end{bmatrix} \begin{bmatrix} v_x(k) \\ v_y(k) \end{bmatrix} \tag{3.82}$$

式（3.81）为目标的运动状态方程，w 代表目标的机动性，是系统过程噪声，其方差 Q 可以多次测量从数学概率统计得到。式（3.82）为系统测量方程，即摄像机的观测量，其中 v 代表测量误差，也叫测量噪声，其方差 R 也能用统计的方法得到。v 越小意味着深度学习目标检测的精度越高，反之则误差越大。有了以上系统的数学模型，接下来便可以对噪声进行滤波和优化处理了。

3.7.2　奶牛运动跟踪算法

在深度学习目标检测算法的基础上，设计目标跟踪的状态估计方法，其流程如图 3.27 所示。首先从摄像头获取目标场景视频，接着将视频输入深度学习训练好的网络模型中，完成目标检测并得到奶牛身体关键部位的位置及行走速度。实验中，采用 Kalman 滤波状态估计算法，算法最后输出优化后的目标运行状态。该方法也能消除深度学习目标检测中漏检、误检等现象，也可根据目标的运动状态和轨迹预测运动趋势，为行为分析和牧场计数等应用提供技术支撑。

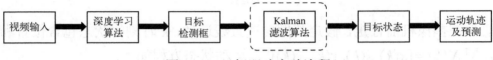

图 3.27　目标跟踪实验流程

基于机器视觉的目标检测算法，深度学习是当下最为流行的方法。基于深度学习的目标检测算法有 Grid R-CNN、Cascade R-CNN、Faster R-CNN、YOLOv1~v5、SSD 等，读者可以参阅最新的机器视觉知识深度学习目标检测算法。图 3.28（a）便是用 YOLOv3 算法检测结果。图 3.28（b）、3.28（c）和 3.28（d）分别给出了奶牛尾部运动中心点的轨迹、x 和 y 方向的运动速度。

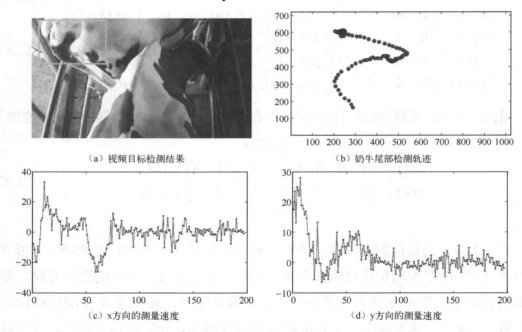

图 3.28　目标运动检测结果

在目标检测的基础上，对关键部位的定位和跟踪，采用 Kalman 滤波算法过程如下：

（1）首先利用 $k-1$ 时刻的目标状态，作一步状态预测和状态方差预测，即

$$X(k|k-1) = AX(k-1|k-1) \tag{3.83}$$

$$P(k|k-1) = APX(k-1|k-1)A^{\mathrm{T}} + BQB^{\mathrm{T}} \tag{3.84}$$

（2）根据式（3.83）得到的一步状态预测，代入观测方程求观测预测，同时利用当前时刻 k 的测量值 $Z(k)$ 计算偏差，即

$$e(k) = Z(k) - CX(k|k-1) \tag{3.85}$$

（3）有了偏差可进一步计算 Kalman 增益矩阵：

$$K(k) = P(k|k-1)C^{\mathrm{T}}[CP(k|k-1)C^{\mathrm{T}} + R]^{-1} \tag{3.86}$$

（4）有了偏差和 Kalman 增益，便可以对目标状态做最终的修正，即

$$X(k|k) = X(k|k-1) + K(k) \cdot e(k) \tag{3.87}$$

（5）为了便于下一时刻的递推，需要对协方差做进一步更新，即

$$P(k|k) = [I_n - K(k)C]P(k|k-1) \tag{3.88}$$

以上 5 个步骤便是 Kalman 滤波在线递推过程，描述了一个滤波周期内对数据处理的过程。

在图 3.25 的观测结果的基础上，可对目标运动过程中的位置、速度等状态信息进行估计和优化，最终实现对目标运动过程的预测和跟踪。根据上述视频图像目标运动的数学建模方法，我们得到奶牛尾部的运动状态方程式（3.81）和观测方程式（3.82），进而运行 Kalman 滤波状态估计算法，得到图 3.29 所示结果，其中绿色矩形框是利用 YOLO 算法检测得到的结果，蓝色矩形框是 Kalman 滤波算法得到的结果。从宏观上看，Kalman 滤波估计算法较好地跟踪了奶牛尾部图像。

图 3.30 为该头奶牛从进入摄像区域后被算法检测到尾部图像开始，到奶牛离开摄像头视野整个过程中的奶牛尾部运动轨迹图。从宏观上看，跟踪算法较好地完成了对目标运动过程的状态估计。

同样，有了观测的位置可以很方便地计算 k 与 $k-1$ 时刻的速度，对目标 x 和 y 方向的速度进行滤波估计，我们得到图 3.31 和图 3.32 所示的速度估计结果。红色曲线（——线）为速度检测结果。很显然，速度受噪声干扰，上下振动的幅度比较大，而 Kalman

滤波算法得到的目标运动速度曲线相对比较平滑，对噪声在一定程度上有抑制作用。

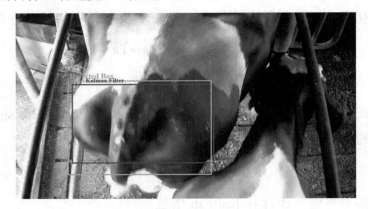

图 3.29　奶牛尾部视频目标跟踪结果

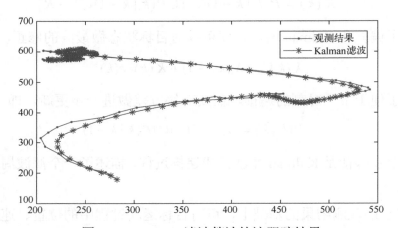

图 3.30　Kalman 滤波算法轨迹跟踪结果

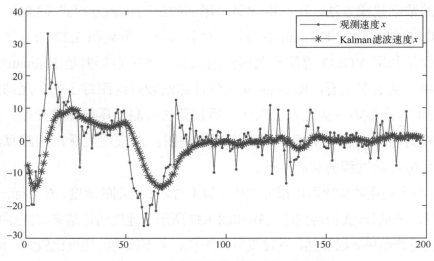

图 3.31　x 方向的速度跟踪结果比较

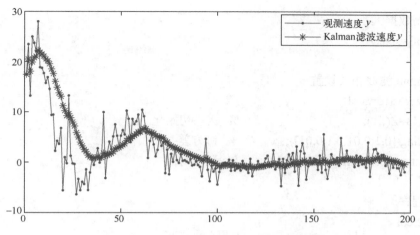

图 3.32　y 方向的速度跟踪结果比较

由于视频目标检测和跟踪，对实时性要求较高，因此算法的计算时间至关重要。以每秒视频播放 25 帧为例，视频播放一帧需要 40ms 的时间。而 YOLO 算法对单帧的检测速度为 25FPS，约为 40ms。为了保证实时应用，跟踪算法的时间则应越短越好。图 3.33 为视频播放过程中，跟踪算法对目标移动的位置和速度的运算时间。从宏观上看，Kalman 滤波计算时间消耗平均在 5ms 以下。

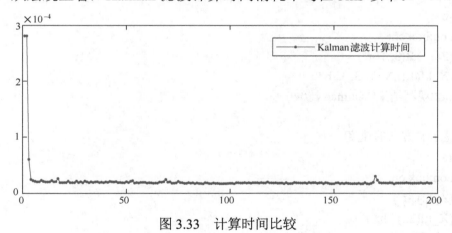

图 3.33　计算时间比较

3.7.3　奶牛尾部跟踪算法程序

```
%%%%%%%%%%%%%%%%%%%%%%%%%%%%%%%%%%%%%%%%%%%%%%%%%%%%%%%%%%%%
% MATLAB 对观测信息进行滤波，采用 Kalman 滤波算法对奶牛尾部跟踪
%%%%%%%%%%%%%%%%%%%%%%%%%%%%%%%%%%%%%%%%%%%%%%%%%%%%%%%%%%%%
function trackAlgorithm
% 加载观测数据，数据名字其实是 Z
load('Observation.mat')
```

```matlab
% 观测数据大小
[row,col]=size(Z)

% Kalman 滤波相关设置
X_kf=zeros(row,col);
X_kf(:,1)=Z(:,1);                   % 状态初始化
P_kf=diag([0.1,0.01,0.1,0.01]);     % 协方差
Time_kf=zeros(1,col);               % 运算时间

% 主程序
for k=2:col
    % Kalman 滤波算法
    [X_kf(:,k),P_kf,Time_kf(k)]=kalman(X_kf(:,k-1),Z(:,k),P_kf);
end

% 第 1 个时刻用第 2 个时刻代替
Time_kf(1)=Time_kf(2);
%%%%%%%%%%%%%%%%%%%%%%%%%%%%%%%%%%%%%%%%%%%%%%%%%%%%%%%%%%%%
% 画图，显示轨迹
figure
hold on;box on;
plot(Z(1,:),Z(3,:),'-r.')
plot(X_kf(1,:),X_kf(3,:),'-b*')
legend('观测结果','Kalman 滤波')

% 显示 x 方向的速度
figure
hold on;box on;
plot(Z(2,:),'-r.')
plot(X_kf(2,:),'-b*')
legend('观测速度 x','Kalman 滤波速度 x')

% 显示 y 方向的速度
figure
hold on;box on;
plot(Z(4,:),'-r.')
plot(X_kf(4,:),'-b*')
legend('观测速度 y','Kalman 滤波速度 y')
```

```
% 显示时间
figure
hold on;box on;
plot(Time_kf,'-r.')
legend('Kalman 滤波计算时间')
%%%%%%%%%%%%%%%%%%%%%%%%%%%%%%%%%%%%%%%%%%%%%%%%%%%%%%%%%%%%
% kalman 滤波算法
function [Xnew,Pnew,time]=kalman(X,Z,P)
tic;
% 状态矩阵
dt=1/25; % 采样时间，也就是视频帧播放时间
A=[1,dt,0,0;
    0,1,0,0;
    0,0,1,dt;
    0,0,0,1];
% 没有控制量
B=0;
% 过程噪声驱动矩阵
C=eye(4);
% 观测矩阵
D=eye(4);
% 测量噪声驱动矩阵
E=eye(4);
% 过程噪声
Q=diag([0.01,0.0001,0.01,0.0001]); % 过程噪声
R=diag([0.1,0.01,0.1,0.01]);          % 测量噪声

% 下面是 Kalman 滤波的核心算法
% 1. 对状态一步预测
Xpred=A*X;
% 2. 对协方差进行预测
Ppre=A*P*A'+C*Q*C';
% 3. 计算 Kalman 增益
KalmanGain=Ppre*D'*inv(D*Ppre*D'+R);
% 4. 计算新息
e=Z-D*Xpred;
% 5. 状态更新
Xnew=Xpred+KalmanGain*e;
% 6. 方差更新
```

```
Pnew=(eye(4)-KalmanGain*D)*Ppre;
%  一次 kalman 计算，从 tic 开始到 toc 结束，总共花费的计算时间
time=toc;
%%%%%%%%%%%%%%%%%%%%%%%%%%%%%%%%%%%%%%%%%%%%%%%%%%%%%%%%%%%%%
```

参 考 文 献

[1] 窦晓波，焦阳，全相军，栗宁，吴在军. 基于线性卡尔曼滤波器的三相锁频环设计[J]. 中国电机工程学报，2019,39(03):832-844+962.

[2] 熊瑞，李幸港. 基于双卡尔曼滤波算法的动力电池内部温度估计[J]. 机械工程学报，2020,56(14):146-151.

[3] 胡旭冉，韩震，李静，丁如一. 基于集合卡尔曼滤波的海表面温度融合研究[J]. 海洋科学进展，2018,36(03):394-401.

[4] 何耀，黄东明，刘新天. 不同温度的双卡尔曼滤波算法电池组 SOC 估计[J]. 电源学报，2018,16(05):112-118.

[5] 韦坚，王小军，梁财海，郝欣伟. 基于卡尔曼滤波的分布式光纤 Raman 测温系统[J]. 光学技术，2016,42(03):264-267.

[6] 陈旭海，杜民. 基于 FPAA 与序贯双卡尔曼滤波信息融合的 PCR 温控[J]. 仪器仪表学报，2012,33(02):263-270.

[7] 陈旭海，杜民. 串联双卡尔曼滤波器在 PCR 非接触测温中的应用[J]. 电子测量与仪器学报，2011,25(06):564-572.

[8] 王妍，邓庆绪，刘赓浩，银彪. 结合运动方程与卡尔曼滤波的动态目标追踪预测算法[J]. 计算机科学，2015,42(12):76-81.

[9] 刘旭航，刘小雄，章卫国，杨跃. 基于加速度修正模型的无人机姿态解算算法[J]. 西北工业大学学报，2021,39(01):175-181.

[10] 于永军，张翔，王新志，于捷杰. 运动加速度在线估计的非线性惯性航姿算法研究[J]. 仪器仪表学报，2020,41(06):19-26.

[11] 乐燕芬，盛存宝，施伟斌. 一种高效的大监控区域移动目标追踪算法[J]. 数据采集与处理，2019,34(04):706-714.

[12] LIU Danian, SHI Ping, SHU Yeqiang, YAO Jinglong, WANG Dongxiao, SUN Lu.Assimilating temperature and salinity profiles using Ensemble Kalman Filter

with an adaptive servation rror and T-S constraint[J].ActaOceanologica Sinica, 2016,35(01):30-37.

[13] Feng Zha, Jiangning Xu, Jingshu Li, Hongyang He. IUKF neural network modeling for FOG temperature drift[J]. Journal of Systems Engineering and Electronics, 2013,24(05):838-844.

[14] 周勇，文小玲，胡慧，罗心睿. 基于卫星/INS 的仿生机器鱼组合导航系统[J]. 自动化与仪表，2021,36(09):1-5.

[15] 王一静，苏中，李擎，李磊. 地下空间单兵定位零速修正算法仿真研究[J]. 系统仿真学报:1-8[2021-09-26].

[16] 张杰，李婧华，胡超. 基于容积卡尔曼滤波的卫星导航定位解算方法[J]. 中国科学院大学学报，2021,38(04):532-537.

[17] 孙淑光，温启新. 改进 Sage-Husa 算法在飞机组合导航中的应用[J]. 全球定位系统，2021,46(03):54-60.

[18] 孙伟，李亚丹，黄恒，杨一涵. 基于级联滤波的建筑结构信息/惯导室内定位方法[J]. 仪器仪表学报，2021,42(03):10-16.

[19] 钟银，薛梦琦，袁洪良. 智能农机 GNSS/INS 组合导航系统设计[J]. 农业工程学报，2021,37(09):40-46.

[20] 雷鹰，戚铖恺，吴嘉敏，黄金山，杨宁. 基于稀疏观测识别高层剪切框架结构参数与未知地震作用[J]. 工程力学，2021(10):145-159.

第 4 章　扩展 Kalman 滤波

第 3 章中给出的 Kalman 滤波能够在线性高斯模型的条件下，对目标的状态做出最优的估计，得到了较好的跟踪效果。但是，实际系统总是存在不同程度的非线性，典型的非线性函数关系包括平方关系、对数关系、指数关系、三角函数关系等。有些非线性系统可以近似看成线性系统，但为了精确估计系统的状态，大多数系统则不能仅用线性微分方程描述，如飞机的飞行状态、导弹的制导系统、卫星导航系统等，其中的非线性因素不能忽略，必须建立适用于非线性系统的滤波算法。

对于非线性系统滤波问题，常用的处理方法是利用线性化技巧将其转化为一个近似的线性滤波问题，其中应用最广泛的方法是扩展 Kalman 滤波（Extended Kalman Filter，EKF）。扩展 Kalman 滤波建立在线性 Kalman 滤波的基础上，其核心思想是，对一般的非线性系统，首先围绕滤波值 $\hat{X}_k$ 将非线性函数 $f(*)$ 和 $h(*)$ 展开成 Taylor 级数并略去二阶及以上项，得到一个近似的线性化模型，然后应用 Kalman 滤波完成对目标的滤波估计等处理。

扩展 Kalman 滤波的优点是不必预先计算标称轨迹（过程噪声 $W(k)$ 与观测噪声 $V(k)$ 均为 0 时非线性方程的解），但它只能在滤波误差 $\tilde{X}_k = X_k - \hat{X}_k$ 及一步预测误差 $\tilde{X}_{k,k-1} = X_k - X_{k-1}$ 较小时才能使用。

4.1　扩展 Kalman 滤波原理

4.1.1　局部线性化

离散非线性系统动态方程可以表示为

$$X(k+1) = f[k, X(k)] + G(k)W(k) \tag{4.1}$$

$$Z(k) = h[k, X(k)] + V(k) \tag{4.2}$$

当过程噪声 $W(k)$ 和观测噪声 $V(k)$ 恒为 0 时，系统模型式（4.1）、式（4.2）的解为非线性模型的理论解，又称为"标称轨迹"或"标称状态"，而把非线性系统式（4.1）、式（4.2）的真实解称为"真轨迹"或"真状态"。

为了便于数学处理，本节假定没有控制量的输入，过程噪声是均值为 0 的高斯白噪声，且噪声驱动矩阵 $\boldsymbol{G}(k)$ 是已知的，观测噪声 $\boldsymbol{V}(k)$ 是加性均值为 0 的高斯白噪声，并假定过程噪声 $\boldsymbol{W}(k)$ 和观测噪声 $\boldsymbol{V}(k)$ 序列彼此独立。

首先，扩展 Kalman 滤波利用非线性函数的局部线性特性，将非线性模型局部线性化。

由系统状态方程式（4.1），将非线性函数 $f(*)$ 围绕滤波值 $\hat{\boldsymbol{X}}(k)$ 做一阶 Taylor 展开，得

$$\boldsymbol{X}(k+1) \approx f[k, \hat{\boldsymbol{X}}(k)] + \frac{\partial f}{\partial \hat{\boldsymbol{X}}(k)}[\boldsymbol{X}(k) - \hat{\boldsymbol{X}}(k)] + \boldsymbol{G}[\hat{\boldsymbol{X}}(k), k]\boldsymbol{W}(k)$$

令

$$\frac{\partial f}{\partial \hat{\boldsymbol{X}}(k)} = \frac{\partial f[\hat{\boldsymbol{X}}(k), k]}{\partial \hat{\boldsymbol{X}}(k)}\bigg|_{\hat{\boldsymbol{X}}(k) = \boldsymbol{X}(k)} = \boldsymbol{\Phi}(k+1 \mid k)$$

$$f[\hat{\boldsymbol{X}}(k), k] - \frac{\partial f}{\partial \boldsymbol{X}(k)}\bigg|_{\boldsymbol{X}(k) = \hat{\boldsymbol{X}}(k)} \hat{\boldsymbol{X}}(k) = \boldsymbol{\phi}(k)$$

则状态方程为

$$\boldsymbol{X}(k+1) = \boldsymbol{\Phi}(k+1 \mid k)\boldsymbol{X}(k) + \boldsymbol{G}(k)\boldsymbol{W}(k) + \boldsymbol{\phi}(k) \tag{4.3}$$

初始值为 $\boldsymbol{X}(0) = E[\boldsymbol{X}(0)]$。

同 Kalman 滤波基本方程相比，在已经求得前一步滤波值 $\hat{\boldsymbol{X}}(k)$ 的条件下，状态方程式（4.3）增加了非随机的外作用项 $\boldsymbol{\phi}(k)$。

由系统状态方程式（4.2），将非线性函数 $h(*)$ 围绕滤波值 $\hat{\boldsymbol{X}}(k)$ 做一阶 Taylor 展开，得

$$\boldsymbol{Z}(k) = h[\hat{\boldsymbol{X}}(k \mid k-1), k] + \frac{\partial h}{\partial \hat{\boldsymbol{X}}(k)}\bigg|_{\hat{\boldsymbol{X}}(k, k-1)} [\boldsymbol{X}(k) - \hat{\boldsymbol{X}}(k \mid k-1)] + \boldsymbol{V}(k)$$

令

$$\frac{\partial h}{\partial \hat{\boldsymbol{X}}(k)}\bigg|_{\boldsymbol{X}(k) = \hat{\boldsymbol{X}}(k)} = \boldsymbol{H}(k)$$

$$y(k) = h[\hat{\boldsymbol{X}}(k \mid k-1), k] - \frac{\partial h}{\partial \hat{\boldsymbol{X}}(k)}\bigg|_{\boldsymbol{X}(k) = \hat{\boldsymbol{X}}(k)} \hat{\boldsymbol{X}}(k \mid k-1)$$

则观测方程为

$$Z(k) = H(k)X(k) + y(k) + V(k) \tag{4.4}$$

4.1.2 线性 Kalman 滤波

对线性化后的模型式（4.3）、式（4.4）应用 Kalman 滤波基本方程可得扩展 Kalman 滤波（EKF）递推方程：

$$\hat{X}(k\,|\,k+1) = f(\hat{X}(k\,|\,k)) \tag{4.5}$$

$$P(k+1\,|\,k) = \Phi(k+1\,|\,k)P(k\,|\,k)\Phi^{\mathrm{T}}(k+1\,|\,k) + Q(k+1) \tag{4.6}$$

$$K(k+1) = P(k+1\,|\,k)H^{\mathrm{T}}(k+1)[H(k+1)P(k+1\,|\,k)H^{\mathrm{T}}(k+1) + R(k+1)]^{-1} \tag{4.7}$$

$$\hat{X}(k+1\,|\,k+1) = \hat{X}(k+1\,|\,k) + K(k+1)[Z(k+1) - h(\hat{X}(k+1\,|\,k)] \tag{4.8}$$

$$P(k+1) = [I - K(k+1)H(k+1)]P(k+1\,|\,k) \tag{4.9}$$

式中，滤波初值和滤波误差方差矩阵的初值分别为

$$X(0) = \mathrm{E}[X(0)], \quad P(0) = \mathrm{var}[X(0)]$$

同 Kalman 滤波基本方程相比，在线性化后的系统方程中，状态转移 $\Phi(k+1\,|\,k)$ 和观测矩阵 $H(k+1)$ 由 f 和 h 的雅可比矩阵代替。假设状态变量有 n 维，即 $X = [x_1 \quad x_2 \quad \cdots \quad x_n]^{\mathrm{T}}$，则相应雅可比矩阵的求法如下：

$$\Phi(k+1) = \frac{\partial f}{\partial X} = \begin{bmatrix} \frac{\partial f_1}{\partial x_1} & \frac{\partial f_1}{\partial x_2} & \cdots & \frac{\partial f_1}{\partial x_n} \\ \frac{\partial f_2}{\partial x_1} & \frac{\partial f_2}{\partial x_2} & \cdots & \frac{\partial f_2}{\partial x_n} \\ \vdots & \vdots & \vdots & \vdots \\ \frac{\partial f_n}{\partial x_1} & \frac{\partial f_n}{\partial x_2} & \cdots & \frac{\partial f_n}{\partial x_n} \end{bmatrix} \tag{4.10}$$

$$H(k+1) = \frac{\partial h}{\partial X} = \begin{bmatrix} \frac{\partial h_1}{\partial x_1} & \frac{\partial h_1}{\partial x_2} & \cdots & \frac{\partial h_1}{\partial x_n} \\ \frac{\partial h_2}{\partial x_1} & \frac{\partial h_2}{\partial x_2} & \cdots & \frac{\partial h_2}{\partial x_n} \\ \vdots & \vdots & \vdots & \vdots \\ \frac{\partial h_n}{\partial x_1} & \frac{\partial h_n}{\partial x_2} & \cdots & \frac{\partial h_n}{\partial x_n} \end{bmatrix} \tag{4.11}$$

4.2　简单非线性系统的扩展 Kalman 滤波器设计

4.2.1　原理介绍

为说明扩展 Kalman 滤波问题，选用下面的标量系统进行分析。系统状态方程为

$$X(k) = 0.5X(k-1) + \frac{2.5X(k-1)}{1+X^2(k-1)} + 8\cos(1.2k) + W(k) \qquad (4.12)$$

观测方程为

$$Y(k) = \frac{X^2(k)}{20} + V(k) \qquad (4.13)$$

式（4.12）是包含分式关系、平方关系、三角函数关系的非线性方程，$W(k)$ 为过程噪声，其均值为 0、方差为 Q。观测方程式（4.13）中，观测信号 $Y(k)$ 与状态 $X(k)$ 的关系也是非线性的，$V(k)$ 也是均值为 0、方差为 R 的高斯白噪声。因此这个系统是一个典型的状态和观测都为非线性的系统。本节以这个典型非线性系统为例，分析如何用扩展 Kalman 滤波来处理噪声。

第 1 步：初始化初始状态 $X(0)$、$Y(0)$、协方差矩阵 P_0。

第 2 步：状态预测。

$$X(k\,|\,k-1) = 0.5X(k-1) + \frac{2.5X(k-1)}{1+X^2(k-1)} + 8\cos(1.2k) \qquad (4.14)$$

第 3 步：观测预测。

$$Y(k\,|\,k-1) = \frac{X^2(k\,|\,k-1)}{20} \qquad (4.15)$$

第 4 步：一阶线性化状态方程，求解状态转移矩阵 $\boldsymbol{\varPhi}(k)$。

$$\boldsymbol{\varPhi}(k) = \frac{\partial f}{\partial X} = 0.5 + \frac{2.5[1-X^2(k\,|\,k-1)]}{[1+X^2(k\,|\,k-1)]^2} \qquad (4.16)$$

第 5 步：一阶线性化观测方程，求解观测矩阵 $\boldsymbol{H}(k)$。

$$\boldsymbol{H}(k) = \frac{\partial h}{\partial X} = \frac{X(k\,|\,k-1)}{10} \qquad (4.17)$$

第 6 步：求协方差矩阵预测 $\boldsymbol{P}(k\,|\,k-1)$。

$$P(k\,|\,k-1) = \boldsymbol{\Phi}(k)\boldsymbol{P}(k-1\,|\,k-1)\boldsymbol{\Phi}^{\mathrm{T}}(k) + \boldsymbol{Q} \tag{4.18}$$

第 7 步：求 Kalman 滤波增益。

$$\boldsymbol{K}(k) = \boldsymbol{P}(k\,|\,k-1)\boldsymbol{H}^{\mathrm{T}}(k)(\boldsymbol{H}(k)\boldsymbol{P}(k\,|\,k-1)\boldsymbol{H}^{\mathrm{T}}(k) + \boldsymbol{R}) \tag{4.19}$$

第 8 步：求状态更新。

$$\boldsymbol{X}(k) = \boldsymbol{X}(k\,|\,k-1) + \boldsymbol{K}(\boldsymbol{Y}(k) - \boldsymbol{Y}(k\,|\,k-1)) \tag{4.20}$$

第 9 步：协方差更新。

$$\boldsymbol{P}(k) = (\boldsymbol{I}_n - \boldsymbol{K}(k)\boldsymbol{H}(k))\boldsymbol{P}(k\,|\,k-1) \tag{4.21}$$

以上 9 步为扩展 Kalman 滤波器设计的一个计算周期，各个时刻扩展 Kalman 滤波对非线性系统的处理就是这个计算周期不断循环的过程。

在仿真过程中，我们设时间总长度为 50s，过程噪声方差 $\boldsymbol{Q}$=10，观测噪声方差 $\boldsymbol{R}$=1，各时刻噪声的大小如图 4.1 所示。本例中的过程噪声偏大，随机扰动强烈，这对 Kalman 滤波来说是个挑战。

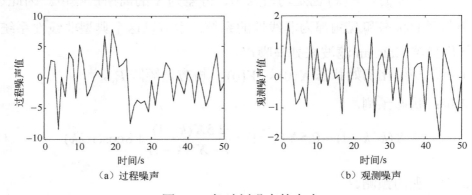

（a）过程噪声　　　　　　　　　（b）观测噪声

图 4.1　各时刻噪声的大小

初值 $\boldsymbol{X}(0)$=0.1，初值的协方差 $\boldsymbol{P}(0)$=1。对以上系统仿真，得到状态滤波结果如图 4.2 所示。

我们将真实状态与 Kalman 估计的状态作差求绝对值，即 $\mathrm{RMS}(k)=|X_{\mathrm{real}}(k)-X_{\mathrm{ekf}}(k)|$，得到各个时刻的状态估计偏差如图 4.3 所示。

从估计偏差看，Kalman 滤波几乎没什么效果，这是因为过程噪声太大，随机扰动性增大导致"无规律可循"，最终使滤波器无法降低噪声。但是如果将过程噪声设置为 $\boldsymbol{Q}$=0.1，这时候可以很明显看到 Kalman 滤波能大大降低噪声，使估计偏差大大减小，如图 4.4 所示。

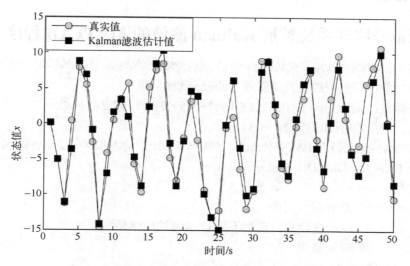

图 4.2　扩展 Kalman 滤波处理后状态与真值的对比

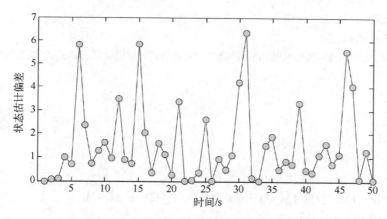

图 4.3　扩展 Kalman 滤波误差 Q=10

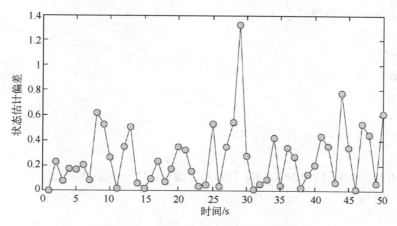

图 4.4　扩展 Kalman 滤波误差 Q=0.1

4.2.2 标量非线性系统扩展 Kalman 滤波的 MATLAB 程序

```
%%%%%%%%%%%%%%%%%%%%%%%%%%%%%%%%%%%%%%%%%%%%%%%%%%%%%%%
% 函数功能：标量非线性系统扩展 Kalman 滤波问题
% 状态函数：X(k+1)=0.5X(k)+2.5X(k)/(1+X(k)^2)+8cos(1.2k) +w(k)
% 观测方程：Z(k)=X(k)^2/20 +v(k)
%%%%%%%%%%%%%%%%%%%%%%%%%%%%%%%%%%%%%%%%%%%%%%%%%%%%%%%
function EKF_for_One_Div_UnLine_System
% 初始化
T=50;          % 总时间
Q=10;          % Q 的值改变，观察不同 Q 值时滤波结果
R=1;           % 观测噪声
% 产生过程噪声
w=sqrt(Q)*randn(1,T);
% 产生观测噪声
v=sqrt(R)*randn(1,T);
%%%%%%%%%%%%%%%%%%%%%%%%%%%%%%%%%%%%%%%%%%%%%%%%%%%%%%%
% 状态方程
x=zeros(1,T);
x(1)=0.1;
y=zeros(1,T);
y(1)=x(1)^2/20+v(1);
for k=2:T
x(k)=0.5*x(k-1)+2.5*x(k-1)/(1+x(k-1)^2)+8*cos(1.2*k)+w(k-1);
    y(k)=x(k)^2/20+v(k);
end
% 扩展 Kalman 滤波算法
Xekf=zeros(1,T);
Xekf(1)=x(1);
Yekf=zeros(1,T);
Yekf(1)=y(1);
P0=eye(1);
for k=2:T
    % 状态预测
    Xn=0.5*Xekf(k-1)+2.5*Xekf(k-1)/(1+Xekf(k-1)^2)+8*cos(1.2*k);
    % 观测预测
    Zn=Xn^2/20;
    % 求状态矩阵 F
    F=0.5+2.5 *(1-Xn^2)/(1+Xn^2)^2;
```

```
        % 求观测矩阵
        H=Xn/10;
        % 协方差预测
        P=F*P0*F'+Q;
        % 求 Kalman 增益
        K=P*H'*inv(H*P*H'+R);
        % 状态更新
        Xekf(k)=Xn+K*(y(k)-Zn);
        % 协方差阵更新
        P0=(eye(1)-K*H)*P;
end
% 误差分析
Xstd=zeros(1,T);
for k=1:T
        Xstd(k)=abs( Xekf(k)-x(k) );
end
%%%%%%%%%%%%%%%%%%%%%%%%%%%%%%%%%%%%%%%%%%%%%%%%%%%%%%%%%%%
% 画图
figure
hold on;box on;
plot(x,'-ko','MarkerFace','g');
plot(Xekf,'-ks','MarkerFace','b');
legend('真实值','Kalman 滤波估计值')
xlabel('时间/s');
ylabel('状态值 x');
% 误差分析
figure
hold on;box on;
plot(Xstd,'-ko','MarkerFace','g');
xlabel('时间/s');
ylabel('状态估计偏差');
%%%%%%%%%%%%%%%%%%%%%%%%%%%%%%%%%%%%%%%%%%%%%%%%%%%%%%%%%%%
```

4.3　扩展 Kalman 滤波在目标跟踪中的应用

4.3.1　目标跟踪数学建模

本节以匀速直线运动系统为例，介绍目标跟踪的状态方程和观测方程的建立过程，也就是数学建模的过程。

假定目标做匀速直线运动，运动速度为 v，目标在 k 时刻的位置设为 $s(k)$，那么经过采样时间 T，目标的位置则为 $s(k+1)=s(k)+vT$。很显然，在直角坐标系中目标有 x 和 y 方向的分量，运动系统的状态量包括 x 方向的位置、y 方向的位置、x 方向的速度和 y 方向的速度。目标运动过程中受到的随机扰动表示为 $U(k)$，可以将系统表示为

$$\begin{cases} x(k+1)=x(k)+v_x(k)T+\dfrac{1}{2}u_x(k)T^2 \\ v_x(k+1)=v_x(k)+u_x(k)T \\ y(k+1)=y(k)+v_yT+\dfrac{1}{2}u_y(k)T^2 \\ v_y(k+1)=v_y(k)+u_y(k)T \end{cases}$$

为了表示方便，我们常常将系统的状态写为

$$X(k+1)=[x(k),\dot{x}(k),y(k),\dot{y}(k)]^{\mathrm{T}}$$

则系统的状态方程为

$$X(k+1)=\boldsymbol{\Phi}X(k)+\boldsymbol{\Gamma}U(k) \tag{4.22}$$

式中，

$$\boldsymbol{\Phi}=\begin{bmatrix} 1 & T & 0 & 0 \\ 0 & 1 & 0 & 0 \\ 0 & 0 & 1 & T \\ 0 & 0 & 0 & 1 \end{bmatrix},\quad \boldsymbol{\Gamma}=\begin{bmatrix} T^2/2 & 0 \\ T & 0 \\ 0 & T^2/2 \\ 0 & T \end{bmatrix}$$

观测站或者传感器对目标进行探测，以雷达探测为例，假如雷达站的位置为 (x_0,y_0)，目标 k 时刻的位置为 $(x(k),y(k))$，由雷达发射和反射波测量目标与雷达之间的距离为观测量 Z，则观测方程为

$$Z(k)=\sqrt{(x(k)-x_0)^2+(y(k)-y_0)^2}+V(k) \tag{4.23}$$

式中，$V(k)$ 是雷达自身的测量误差，其方差为 R。

至此，匀速运动的系统模型已经建立，其状态方程和观测方程分别为式（4.22）和式（4.23）。从模型上看，状态方程是线性的，而观测方程是非线性的。

4.3.2　基于观测距离的扩展 Kalman 滤波目标跟踪算法

根据运动观测器获得的量测值（如方位、频率、距离等）对目标进行跟踪是

目标运动分析领域中的一个经典问题，在很多应用场合可以获得较为精确的距离信息。例如，在水下弹道测量系统中，水听器测量脉冲到达时刻获得待测目标的距离，可以采用多传感器对目标进行纯距离跟踪定位；在海上监视中，Ingara 雷达具有 EAR 成像和跟踪两种模式，跟踪模式利用 ISAR 所成高分辨距离像的距离信息对海上目标进行搜索和跟踪。因此，研究仅利用距离信息进行目标跟踪具有十分重要的意义。

以目标跟踪系统的式（4.22）和式（4.23）为例，在仿真算例中，假定目标做匀速直线运动，初始状态 $X(0)$ 已经通过航迹起始算法获得。过程噪声 $U(k)$ 的均方差为

$$Q = \begin{bmatrix} w & 0 \\ 0 & w \end{bmatrix}$$

式中，w 为一个可调节的参数，$w \ll 1$。测量噪声 $V(k)$ 的均方差 $R = 5$。

从模型上看，状态方程式（4.22）是线性的，无须线性化求解 $\Phi(k)$，而观测方程式（4.23）是非线性的，因此，基于距离信息进行目标跟踪是一个非线性估计问题，可以采用扩展 Kalman 滤波器对目标进行跟踪。

根据 4.1.1 节给出的线性化方法可将该非线性方程线性化，根据式（4.11）得到相应的雅可比矩阵：

$$\begin{aligned} H = \frac{\partial Z(k)}{\partial X(k)} &= \left[\frac{\partial Z(k)}{\partial x(k)}, \frac{\partial Z(k)}{\partial \dot{x}(k)}, \frac{\partial Z(k)}{\partial y(k)}, \frac{\partial Z(k)}{\partial \dot{y}(k)} \right] \\ &= \left[\frac{x(k)-x_0}{\sqrt{(x(k)-x_0)^2+(y(k)-y_0)^2}}, 0, \frac{y(k)-y_0}{\sqrt{(x(k)-x_0)^2+(y(k)-y_0)^2}}, 0 \right] \end{aligned} \quad (4.24)$$

综合式（4.22）、式（4.23）和式（4.24），根据 4.1.2 节给出的 EKF 递推方程，可以方便地编写 MATLAB 仿真程序。仿真结果如图 4.5 和图 4.6 所示。

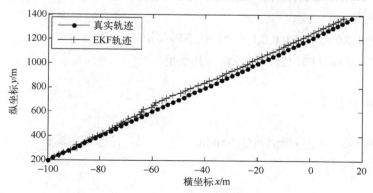

图 4.5　EKF 对运动目标的跟踪轨迹

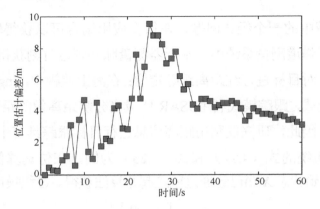

图 4.6　EKF 跟踪误差曲线

4.3.3　基于距离的目标跟踪算法 MATLAB 程序

```
%%%%%%%%%%%%%%%%%%%%%%%%%%%%%%%%%%%%%%%%%%%%%%%%%%%%%%%%%%
% 功能说明：扩展 Kalman 滤波在目标跟踪中的应用
%%%%%%%%%%%%%%%%%%%%%%%%%%%%%%%%%%%%%%%%%%%%%%%%%%%%%%%%%%
function EKF_For_TargetTracking
%%%%%%%%%%%%%%%%%%%%%%%%%%%%%%%%%%%%%%%%%%%%%%%%%%%%%%%%%%
clc;clear;
T=1;% 雷达扫描周期,
N=60/T; % 总的采样次数
X=zeros(4,N); % 目标真实位置、速度
X(:,1)=[-100,2,200,20];% 目标初始位置、速度
Z=zeros(1,N); % 传感器对位置的观测
delta_w=1e-3;% 如果增大这个参数，目标真实轨迹就是曲线了
Q=delta_w*diag([0.5,1]) ; % 过程噪声方差
G=[T^2/2,0;T,0;0,T^2/2;0,T]; % 过程噪声驱动矩阵
R=5;   % 观测噪声方差
F=[1,T,0,0;0,1,0,0;0,0,1,T;0,0,0,1];   % 状态转移矩阵
x0=200;   % 观测站的位置，可以设为其他值
y0=300;
Xstation=[x0,y0];
for t=2:N
    X(:,t)=F*X(:,t-1)+G*sqrtm(Q)*randn(2,1);        % 目标真实轨迹
end
for t=1:N
    Z(t)=Dist(X(:,t),Xstation)+sqrtm(R)*randn;   % 对目标观测
```

```
end
% EKF 滤波
Xekf=zeros(4,N);
Xekf(:,1)=X(:,1); % Kalman 滤波状态初始化
P0=eye(4); % 协方差阵初始化
for i=2:N
    Xn=F*Xekf(:,i-1); % 预测
    P1=F*P0*F'+G*Q*G';% 预测误差协方差
    dd=Dist(Xn,Xstation); % 观测预测
    % 求雅可比矩阵 H
    H=[(Xn(1,1)-x0)/dd,0,(Xn(3,1)-y0)/dd,0]; % 即为所求一阶近似
    K=P1*H'*inv(H*P1*H'+R);% 增益
    Xekf(:,i)=Xn+K*(Z(:,i)-dd);% 状态更新
    P0=(eye(4)-K*H)*P1;% 滤波误差协方差更新
end
% 误差分析
for i=1:N
    Err_KalmanFilter(i)=Dist(X(:,i),Xekf(:,i)); % 滤波后的误差
end
%%%%%%%%%%%%%%%%%%%%%%%%%%%%%%%%%%%%%%%%%%%%%%%%%%%%%%%%
% 画图
figure
hold on;box on;
plot(X(1,:),X(3,:),'-k.'); % 真实轨迹
plot(Xekf(1,:),Xekf(3,:),'-r+'); % 扩展 Kalman 滤波轨迹
legend('真实轨迹','EKF 轨迹');
xlabel('横坐标 x/m');
ylabel('纵坐标 y/m');
figure
hold on; box on;
plot(Err_KalmanFilter,'-ks','MarkerFace','r')
xlabel('时间/s');
ylabel('位置估计偏差/m');
%%%%%%%%%%%%%%%%%%%%%%%%%%%%%%%%%%%%%%%%%%%%%%%%%%%%%%%%%
% 子函数：求两点间的距离
function d=Dist(X1,X2);
if length(X2)<=2
    d=sqrt( (X1(1)-X2(1))^2 + (X1(3)-X2(2))^2 );
```

```
    else
        d=sqrt( (X1(1)-X2(1))^2 + (X1(3)-X2(3))^2 );
    end
%%%%%%%%%%%%%%%%%%%%%%%%%%%%%%%%%%%%%%%%%%%%%%%%%%%%%%%%%%
```

4.3.4　基于扩展 Kalman 滤波的纯方位目标跟踪算法

纯方位目标运动分析是一种隐蔽突击的有效方法，它是利用目标本身的有源辐射，如电磁波辐射、红外辐射、声波辐射、目标对照射的散射，甚至目标施放的干扰辐射等，采用机动单站测向机定位与跟踪目标。这种对运动目标的隐蔽定位与跟踪是反电子对抗、反水声对抗、反侦察，实施对目标突然袭击的十分有利的手段。在现代战争实际环境里，通常测得的敌机（舰）特征数据是非常有限的，而目标的方位几乎成了唯一可靠的参数，因此可以利用所测得的目标方位角信息估计目标的运动参数（位置、速度、加速度等），从而对敌机（舰）进行有效的打击和电子干扰。同 4.3.1 节一样，假定观测站对某匀速直线运动的目标进行纯方位跟踪，假定观测站已知目标的初始状态。

基于纯方位的目标运动模型可以写成如下形式：

$$X(k) = \Phi X(k-1) + \Gamma U(k) \tag{4.25}$$

$$Z(k) = \arctan\left(\frac{y(k)-y_0}{x(k)-x_0}\right) + V(k) \tag{4.26}$$

式中，参数设置与 4.3.1 节相同；$V(k)$ 的均方差 $R = 1$。

从模型上看，状态方程式（4.25）是线性的，而观测方程式（4.26）是非线性的。根据 4.1.1 节给出的线性化方法可将该非线性方程线性化，根据式（4.11）得相应的雅可比矩阵为

$$
\begin{aligned}
H &= \frac{\partial Z(k)}{\partial X(k)} = \left[\frac{\partial Z(k)}{\partial x(k)}, \frac{\partial Z(k)}{\partial \dot{x}(k)}, \frac{\partial Z(k)}{\partial y(k)}, \frac{\partial Z(k)}{\partial \dot{y}(k)}\right] \\
&= \left[\frac{-(y(k)-y_0)}{(x(k)-x_0)^2 + (y(k)-y_0)^2}, 0, \frac{x(k)-x_0}{(x(k)-x_0)^2 + (y(k)-y_0)^2}, 0\right]
\end{aligned} \tag{4.27}
$$

综合式（4.25）、式（4.26）和式（4.27），根据 4.1.2 节给出的 EKF 递推方程，可以解决纯方位目标跟踪问题，如图 4.7 所示。

这里采用均方根（Root Mean Square，RMS）误差来衡量跟踪的偏差。

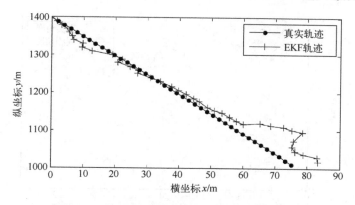

图 4.7 基于 EKF 的纯方位目标跟踪轨迹

$$\text{RMS} = \frac{1}{n}\sqrt{\sum_{i=1}^{n}(x^*(i)-x(i))^2 + (y^*(i)-y(i))^2} \qquad (4.28)$$

EKF 的目标跟踪轨迹以及进一步得到的跟踪偏差 RMS 如图 4.8 所示。

从跟踪轨迹图 4.7 上可以看出 EKF 算法的估计轨迹效果一般，可以说较差，这个主要是因为状态是四维信息，而观测仅是一维角度信息，且角度仅与状态中的 x、y 有非线性关系，这样要让 EKF 算法得到较好的结果是很困难的。

从图 4.8 看，经过几次算法迭代，EKF 算法估计的误差越来越大，最后 EKF 算法几乎是发散的。在非线性系统中，要根据初始状态和观测信息，达到对目标持续跟踪，是很困难的。对于式（4.25）和式（4.26）这样的跟踪模型，系统是非常依赖初始状态的，请读者阅读关于目标跟踪系统的可观测性相关著作就很容易理解这一特点了。

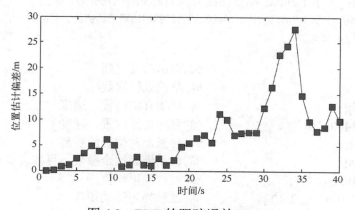

图 4.8 EKF 的跟踪误差 RMS

由于受噪声的污染，角度观测值和真实值的对比如图 4.9 所示。本例在仿真中的观测噪声设置得比较大，实际中可能不会出现这种情况。

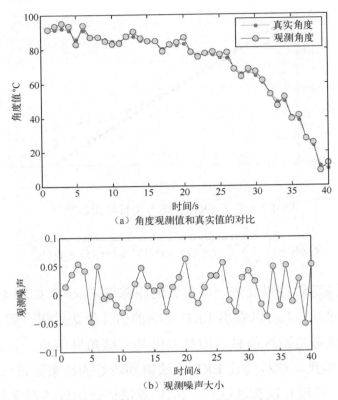

（a）角度观测值和真实值的对比

（b）观测噪声大小

图 4.9　角度观测值和真实值对比及观测噪声大小

4.3.5　纯方位目标跟踪算法 MATLAB 程序

```
%%%%%%%%%%%%%%%%%%%%%%%%%%%%%%%%%%%%%%%%%%%%%%%%%%%%%%%%%%%%%
% 功能说明：扩展 Kalman 滤波在纯方位目标跟踪中的应用实例
%%%%%%%%%%%%%%%%%%%%%%%%%%%%%%%%%%%%%%%%%%%%%%%%%%%%%%%%%%%%%
function EKF_angle
clc;clear;
T=1;                          % 雷达扫描周期
N=40/T;                       % 总的采样次数
X=zeros(4,N);                 % 目标真实位置、速度
X(:,1)=[0,2,1400,-10];        % 目标初始位置、速度
Z=zeros(1,N);                 % 传感器对位置的观测
delta_w=1e-4;                 % 如果增大这个参数，目标真实轨迹就是曲线了
Q=delta_w*diag([1,1]);        % 过程噪声均值
G=[T^2/2,0;T,0;0,T^2/2;0,T];  % 过程噪声驱动矩阵
R=0.1*pi/180;                 % 观测噪声方差，读者可以修改值观察其对角度测量的影响
F=[1,T,0,0;0,1,0,0;0,0,1,T;0,0,0,1];  % 状态转移矩阵
x0=0;                         % 观测站的位置，可以设为其他值
y0=1000;
Xstation=[x0;y0];
```

```
%%%%%%%%%%%%%%%%%%%%%%%%%%%%%%%%%%%%%%%%%%%%%%%%%%
w=sqrtm(R)*randn(1,N);                          % 均值为0、方差为1的高斯噪声
for t=2:N
    X(:,t)=F*X(:,t-1)+G*sqrtm(Q)*randn(2,1);    % 目标真实轨迹
end
for t=1:N
    Z(t)=hfun(X(:,t),Xstation)+w(t);            % 对目标观测
    % 对 sqrtm(R)*w(t)转化为角度 sqrtm(R)*w(t)/pi*180 可以看出噪声的大小（单位：度）
end
% EKF 滤波
Xekf=zeros(4,N);
Xekf(:,1)=X(:,1);                   % Kalman 滤波状态初始化
P0=eye(4);                          % 协方差阵初始化
for i=2:N
    Xn=F*Xekf(:,i-1);              % 预测
    P1=F*P0*F'+G*Q*G';             % 预测误差协方差
    dd=hfun(Xn,Xstation);         % 观测预测
    % 求雅可比矩阵 H
    D=Dist(Xn,Xstation);
    H=[-(Xn(3,1)-y0)/D,0,(Xn(1,1)-x0)/D,0];     % 即为所求一阶近似
    K=P1*H'*inv(H*P1*H'+R);        % 增益
    Xekf(:,i)=Xn+K*(Z(:,i)-dd);   % 状态更新
    P0=(eye(4)-K*H)*P1;            % 滤波误差协方差更新
end
% 误差分析
for i=1:N
    Err_KalmanFilter(i)=sqrt(Dist(X(:,i),Xekf(:,i)));% 滤波后误差
end
%%%%%%%%%%%%%%%%%%%%%%%%%%%%%%%%%%%%%%%%%%%%%%%%%%%%%
% 画图
figure
hold on;box on;
plot(X(1,:),X(3,:),'-k.');          % 真实轨迹
plot(Xekf(1,:),Xekf(3,:),'-r+');    % 扩展 Kalman 滤波轨迹
legend('真实轨迹','EKF 轨迹');
xlabel('横坐标 x/m');
ylabel('纵坐标 y/m');
figure
hold on; box on;
plot(Err_KalmanFilter,'-ks','MarkerFace','r')
xlabel('时间/s');
ylabel('位置估计偏差/m');
figure
hold on;box on;
plot(Z/pi*180,'-r.','MarkerFace','r');          % 真实角度值
```

```
plot(Z/pi*180+w/pi*180,'-ko','MarkerFace','g');      %  受噪声污染的观测值
legend('真实角度','观测角度');
xlabel('时间/s');
ylabel('角度值/°');
figure              %  观测噪声大小
hold on;box on;
plot(w,'-ko','MarkerFace','g');                       %  受噪声污染的观测值
xlabel('时间/s');
ylabel('观测噪声');
%%%%%%%%%%%%%%%%%%%%%%%%%%%%%%%%%%%%%%%%%%%%%%%%%%%%%%%%
% %  子函数
function cita=hfun(X1,X0)                    %  需要注意各个象限角度的变化
if X1(3,1)-X0(2,1)>=0   %  y1-y0>0
    if X1(1,1)-X0(1,1)>0 %  x1-x0>0
        cita=atan(abs( (X1(3,1)-X0(2,1))/(X1(1,1)-X0(1,1)) ));
    elseif X1(1,1)-X0(1,1) ==0
        cita=pi/2;
    else
cita=pi/2+atan(abs( (X1(3,1)-X0(2,1))/(X1(1,1)-X0(1,1)) ));
    end
else
    if X1(1,1)-X0(1,1)>0 %  x1-x0>0
cita=3*pi/2+atan(abs( (X1(3,1)-X0(2,1))/(X1(1,1)-X0(1,1)) ));
    elseif X1(1,1)-X0(1,1) ==0
        cita=3*pi/2;
    else
cita=pi+atan(abs( (X1(3,1)-X0(2,1))/(X1(1,1)-X0(1,1)) ));
    end
end
function d=Dist(X1,X2);
if length(X2)<=2
    d=( (X1(1)-X2(1))^2 + (X1(3)-X2(2))^2 );
else
    d=( (X1(1)-X2(1))^2 + (X1(3)-X2(3))^2 );
end
%%%%%%%%%%%%%%%%%%%%%%%%%%%%%%%%%%%%%%%%%%%%%%%%%%%%%%%%
```

4.4 扩展 Kalman 滤波在纯方位寻的导弹制导中的应用

4.4.1 三维寻的制导系统

考虑一个在三维平面 x-y-z 内运动的质点 M，其在某一时刻 k 的位置、速度和加速度可用矢量可以表示为

$$\boldsymbol{X}(k)=\begin{bmatrix} r_x(k) & r_y(k) & r_z(k) & v_x(k) & v_y(k) & v_z(k) & a_x(k) & a_y(k) & a_z(k) \end{bmatrix}^{\mathrm{T}}$$

质点 M 可以在三维空间内做任何运动，同时假设 3 个 $x\text{-}y\text{-}z$ 方向上运动具有加性系统噪声 $W(k)$，则在笛卡儿坐标系下该质点的运动状态方程为

$$X(k+1) = f_k(X(k), W(k))$$

通常情况下，上述方程为线性的，即能表示为以下方式。

$$X(k+1) = \varphi X(k) + \Gamma U(k) + W(k) \tag{4.29}$$

式中，

$$\varphi = \begin{bmatrix} I_3 & \Delta t I_3 & \dfrac{1}{\lambda^2}(\mathrm{e}^{-\lambda \Delta t} + \lambda \Delta t - 1)I_3 \\ \mathbf{0}_3 & I_3 & \dfrac{1}{\lambda}(1 - \mathrm{e}^{-\lambda \Delta t})I_3 \\ \mathbf{0}_3 & \mathbf{0}_3 & \mathrm{e}^{-\lambda \Delta t}I_3 \end{bmatrix}, \quad \Gamma = \begin{bmatrix} -(\Delta t^2 / 2)I_3 \\ -\Delta t I_3 \\ \mathbf{0}_3 \end{bmatrix}$$

Δt 为测量周期，也叫扫描周期、采样时间间隔。动态噪声 $W(k)$ 为

$$W(k) = \begin{bmatrix} 0 & 0 & 0 & 0 & 0 & 0 & \omega_x(k) & \omega_y(k) & \omega_z(k) \end{bmatrix}^{\mathrm{T}}$$

且

$$\mathrm{E}\big[W(k)\big] = q_1 = \mathbf{0}_{9\times 1}, \quad \mathrm{E}\big[W(k)W^{\mathrm{T}}(k)\big] = Q_1 = \begin{bmatrix} \mathbf{0}_6 & \mathbf{0}_{6\times 3} \\ \mathbf{0}_{3\times 6} & \sigma^2 I_3 \end{bmatrix}$$

$W(k)$ 是高斯型白色随机向量序列。

　　考虑一个带有观测器的飞行中的导弹，假设其为质点 M，对移动的目标进行观测，导弹与目标的相对位置依然可用 $x\text{-}y\text{-}z$ 表示，如图 4.10 所示。

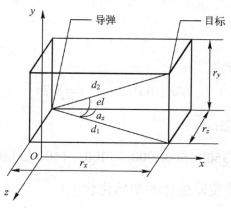

图 4.10　导弹与目标的相对位置示意图

导弹对目标采用纯方位角观测，观测量为俯仰角和水平方向偏向角，实际测量中雷达具有加性测量噪声 $V(k)$，在笛卡儿坐标系下，观测方程为

$$Z(k) = h[X(k)] + V(k) \tag{4.30}$$

式中，

$$h[X(k)] = \left[\arctan \frac{r_y(k)}{\sqrt{r_x^2(k) + r_z^2(k)}}, \ \arctan \frac{-r_x(k)}{r_z(k)} \right]^{\mathrm{T}} \tag{4.31}$$

$V(k)$ 为测量噪声，是高斯型白色随机向量序列，且

$$\mathrm{E}[V(k)] = r_1 = \mathbf{0}_{2 \times 1}, \quad \mathrm{E}[V(k)V^{\mathrm{T}}(k)] = R_1 \tag{4.32}$$

对于 R_1，其定义为

$$R_1(k) = D^{-1}(k) x D^{-\mathrm{T}}(k) \tag{4.33}$$

式中，$x = 0.1 I_2$

$$D(k) = \begin{bmatrix} \sqrt{r_x^2(k) + r_y^2(k) + r_z^2(k)} & 0 \\ 0 & \sqrt{r_x^2(k) + r_y^2(k) + r_z^2(k)} \end{bmatrix} \tag{4.34}$$

综合式（4.30）～式（4.34）可知，在笛卡儿坐标系下，该运动模型观测方程是非线性的。

4.4.2 扩展 Kalman 滤波在寻的制导问题中的算法分析

下面参考文献[1] 5.5 节和 5.6 节，结合导弹跟踪的特点，细述扩展 Kalman 滤波算法的步骤。

第 1 步：初始化。

设定采样时间，仿真时长：

$$\Delta t = 0.01\mathrm{s}, \qquad t = 3.7\mathrm{s}$$

设定导弹的初始状态：

$$x(0) = [3500, 1500, 1000, -1100, -150, -50, 10, 10, 10]^{\mathrm{T}}$$

设定扩展 Kalman 滤波器估计的初始化状态：

$$ex(0) = [3000, 1200, 800, -950, -100, -100, 0, 0, 0]^{\mathrm{T}}$$

设定过程噪声方差：

$$\sigma^2 = 0.1, \quad \boldsymbol{Q} = [\boldsymbol{0}_{6\times6}, \boldsymbol{0}_{3\times6}; \boldsymbol{0}_{6\times3}, \sigma^2 \times \boldsymbol{I}_{3\times3}]$$

初始化扩展 Kalman 滤波器估计的状态协方差矩阵：

$$\boldsymbol{P}_0 = [10^4 \times \boldsymbol{I}_6, \boldsymbol{0}_{6\times3}; \boldsymbol{0}_{3\times6}, 10^2 \times \boldsymbol{I}_3]$$

第 2 步：扩展 Kalman 滤波估计算法，过程如下：

for k=2:T

Step1：目标运动

x(:,k)=F*x(:,k-1)+G*u(:,k-1)+w(:,k-1);

Step2：每隔 $\Delta t = 0.01\text{s}$ 对目标扫描，即观测。

z(:,k)=[atan(x(2,k-1)/sqrt(x(1,k-1)^2+x(3,k-1)^2)), atan(-1*x(3,k-1)/x(1,k-1))]'+v(:,k);

Step3：计算统计方差估计 R，R=0.1*eye(2)/(DD*DD')。

Step4：状态预测（结合 Kalman 滤波核心公式）Xn=F*ex+G*u。

Step5：观测预测（结合 Kalman 滤波核心公式）。

Step6：协方差阵预测，P=F*P0*F'+Q。

Step7：这一步是对于扩展 Kalman 滤波量身定做的，也是扩展 Kalman 滤波的核心，计算线性 H 矩阵：

对于本节讨论的非线性系统式（4.29）、式（4.30），定义

$$f_k^x = \left. \frac{\partial f_k(X_k)}{\partial \boldsymbol{X}} \right|_{X_k = \hat{X}_{k|k-1}}$$

$$h_k^x = \left. \frac{\partial h_k(X_k)}{\partial \boldsymbol{X}} \right|_{X_k = \hat{X}_{k|k-1}}$$

因为系统状态方程式（4.29）为线性的，所以 $f_k^x = \boldsymbol{F}_k$，而观测方程式（4.30）为非线性的，对其关于 $\boldsymbol{x}_k$ 求偏导，得

$$\boldsymbol{H} = \frac{\partial h(x(k))}{\partial x} = \begin{bmatrix} \dfrac{-r_x(k)r_y(k)}{\sqrt{r_x^2(k)+r_y^2(k)+r_z^2(k)}} & \dfrac{\sqrt{r_x^2(k)+r_z^2(k)}}{\sqrt{r_x^2(k)+r_y^2(k)+r_z^2(k)}} \\[3mm] \dfrac{r_x(k)}{r_x^2(k)+r_z^2(k)} & 0 \\[3mm] \dfrac{-r_y(k)r_z(k)}{r_x^2(k)+r_y^2(k)+r_z^2(k)} & 0\ 0\ 0\ 0\ 0\ 0 \\[3mm] \dfrac{-r_x(k)}{r_x^2(k)+r_z^2(k)} & 0\ 0\ 0\ 0\ 0\ 0 \end{bmatrix}$$

Step8：计算 Kalman 滤波增益 K=P*H'/(H*P*H'+R)。

Step9：状态更新 ex=Xn+K*(z-Zn)。

Step10：协方差阵更新，P0=(I-K*H)*P。

end for

4.4.3　仿真结果

运行程序，得到目标的跟踪轨迹如图 4.11 所示。跟踪轨迹最终表明，滤波估计状态较好地跟踪了目标，轨迹趋于一致。同样计算 EKF 滤波后的状态值与目标真实状态之间的偏差，可以得到位置偏差图、速度偏差图和加速度偏差图，如图 4.12～图 4.14 所示。无论位置还是速度，最终都是收敛的，加速度则最终稳定在特定的值内。

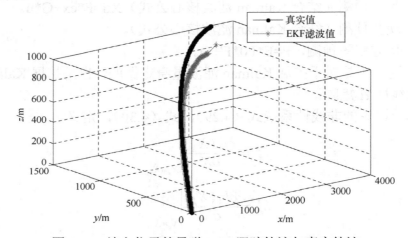

图 4.11　纯方位寻的导弹 EKF 跟踪轨迹与真实轨迹

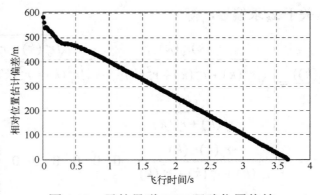

图 4.12　寻的导弹 EKF 跟踪位置偏差

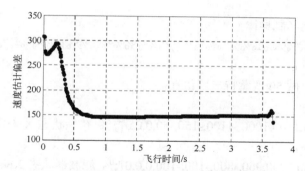

图 4.13　寻的导弹 EKF 跟踪速度偏差

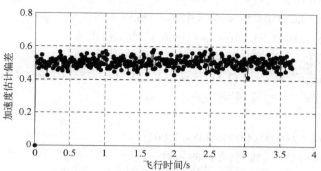

图 4.14　寻的导弹 EKF 跟踪加速度偏差

4.4.4　寻的制导 MATLAB 程序

```
%%%%%%%%%%%%%%%%%%%%%%%%%%%%%%%%%%%%%%%%%%%%%%%%%%%%%%%%%
% 程序说明：目标跟踪程序，实现运动弹头对运动物体的三维跟踪，主函数
% 状态方程：  x(t)=Ax(t-1)+Bu(t-1)+w(t)
% 参考资料：《寻的导弹新型导引规律》5.5 节和 5.6 节中仿真参数设置
%%%%%%%%%%%%%%%%%%%%%%%%%%%%%%%%%%%%%%%%%%%%%%%%%%%%%%%%%
function main
%%%%%%%%%%%%%%%%%%%%%%%%%%%%%%%%%%%%%%%%%%%%%%%%%%%%%%%%%
delta_t=0.01;        % 测量周期，采样周期
longa=10000;         % 机动时间常数的倒数，即机动频率
tf=3.7;
T=tf/delta_t;        % 时间长度 3.7s，一共采样 T=370 次
% 状态转移矩阵φ，用 F 表示
F=[eye(3),delta_t*eye(3),(exp(-1*longa*delta_t)+...
    longa*delta_t-1)/longa^2*eye(3);
    zeros(3),eye(3),(1-exp(-1*longa*delta_t))/longa*eye(3);
    zeros(3),zeros(3),exp(-1*longa*delta_t)*eye(3)];
% 控制量驱动矩阵 gama
G=[-1*0.5*delta_t^2*eye(3);-1*delta_t*eye(3);zeros(3)];
```

```
N=3;   %  导航比（制导律）
%%%%%%%%%%%%%%%%%%%%%%%%%%%%%%%%%%%%%%%%%%%%%%%%%%%%%
%  u=10*ones(3,T);
for i=1:50       %  做 50 次蒙特卡罗仿真
    x=zeros(9,T);
    x(:,1)=[3500,1500,1000,-1100,-150,-50,0,0,0]'; %  初始状态 X（0）
    ex=zeros(9,T);
    ex(:,1)=[3000,1200,960,-800,-100,-100,0,0,0]';%  滤波器状态 Xekf（0）
    cigema=sqrt(0.1);
    w=[zeros(6,T);cigema*randn(3,T)]; %  过程噪声
    Q=[zeros(6),zeros(6,3);zeros(3,6),cigema^2*eye(3)];
    z=zeros(2,T);          %  观测值
    z(:,1)=[atan( x(2,1)/sqrt(x(1,1)^2+x(3,1)^2) ), atan(-1*x(3,1)/x(1,1))]';
    v=zeros(2,T);          %  观测噪声
    for k=2:T-3
        tgo=tf-k*0.01+0.0000000000000001;
        c1=N/tgo^2;     %  制导律的系数
        c2=N/tgo;       %  制导律的系数
        c3=N*(exp(-longa*tgo)+longa*tgo-1)/(longa*tgo)^2;   %  制导律的系数
        %  x、y、z 三个方向的导弹加速度
        u(1,k-1)=[c1,c2,c3]*[x(1,k-1),x(4,k-1),x(7,k-1)]';
        u(2,k-1)=[c1,c2,c3]*[x(2,k-1),x(5,k-1),x(8,k-1)]';
        u(3,k-1)=[c1,c2,c3]*[x(3,k-1),x(6,k-1),x(9,k-1)]';
        x(:,k)=F*x(:,k-1)+G*u(:,k-1)+w(:,k-1);   %  目标状态方程
        d=sqrt(x(1,k)^2+x(2,k)^2+x(3,k)^2);
        D=[d,0;0,d];   %  参考书中公式
        R=inv(D)*0.1*eye(2)*inv(D)';%  观测噪声方差
        v(:,k)=sqrtm(R)*randn(2,1); %  观测噪声模拟
        %  目标观测方程
        z(:,k)=[atan( x(2,k)/sqrt(x(1,k)^2+x(3,k)^2) ), ...
                atan(-1*x(3,k)/x(1,k))]'+v(:,k);
    end
    %  下面根据观测值开始滤波
    P0=[10^4*eye(6),zeros(6,3);zeros(3,6),10^2*eye(3)]; %  协方差初始化
    eP0=P0;
    stop=0.5/0.01;
    span=1/0.01;
    for k=2:T-3
        dd=sqrt(ex(1,k-1)^2+ex(2,k-1)^2+ex(3,k-1)^2);
```

```matlab
        DD=[dd,0;0,dd];
        RR=0.1*eye(2)/(DD*DD');
        tgo=tf-k*0.01+0.0000000000000001;
        c1=N/tgo^2;
        c2=N/tgo;
        c3=N*(exp(-longa*tgo)+longa*tgo-1)/(longa*tgo)^2;
        u(1,k-1)=[c1,c2,c3]*[ex(1,k-1),ex(4,k-1),ex(7,k-1)]';
        u(2,k-1)=[c1,c2,c3]*[ex(2,k-1),ex(5,k-1),ex(8,k-1)]';
        u(3,k-1)=[c1,c2,c3]*[ex(3,k-1),ex(6,k-1),ex(9,k-1)]';
        % 调用扩展 Kalman 算法子函数
        [ex(:,k),eP0]=ekf(F,G,Q,RR,eP0,u(:,k-1),z(:,k),ex(:,k-1));
    end
    for t=1:T-3 % 求每个时间点误差的平方
        Ep_ekfx(i,t)=sqrt((ex(1,t)-x(1,t))^2);
        Ep_ekfy(i,t)=sqrt((ex(2,t)-x(2,t))^2);
        Ep_ekfz(i,t)=sqrt((ex(3,t)-x(3,t))^2);
        Ep_ekf(i,t)=sqrt( (ex(1,t)-x(1,t))^2+(ex(2,t)-x(2,t))^2+(ex(3,t)-x(3,t))^2 );
        Ev_ekf(i,t)=sqrt( (ex(4,t)-x(4,t))^2+(ex(5,t)-x(5,t))^2+(ex(6,t)-x(6,t))^2 );
        Ea_ekf(i,t)=sqrt( (ex(7,t)-x(7,t))^2+(ex(8,t)-x(8,t))^2+(ex(9,t)-x(9,t))^2 );
    end


    for t=1:T-3 % 求误差的均值，即 RMS
        error_x(t)=mean(Ep_ekfx(:,t));
        error_y(t)=mean(Ep_ekfy(:,t));
        error_z(t)=mean(Ep_ekfz(:,t));
        error_r(t)=mean(Ep_ekf(:,t));
        error_v(t)=mean(Ev_ekf(:,t));
        error_a(t)=mean(Ea_ekf(:,t));
    end
end

t=0.01:0.01:3.67;
figure   % 轨迹图
hold on;box on;grid on;
plot3(x(1,:),x(2,:),x(3,:),'-k.')
plot3(ex(1,:),ex(2,:),ex(3,:),'-r*','MarkerFace','r')
legend('真实值','EKF 滤波值');
view(3)
xlabel('x/m');
```

```
ylabel('y/m');
zlabel('z/m');
figure      % 位置偏差图
hold on;box on;grid on;
plot(t,error_r,'-b.');
xlabel('飞行时间/s');
ylabel('相对位置估计偏差/m');
figure      % 速度偏差图
hold on;box on;grid on;
plot(t,error_v,'-b.');
xlabel('飞行时间/s');
ylabel('速度估计偏差');
figure      % 加速度偏差图
hold on;box on;grid on;
plot(t,error_a,'-b.');
xlabel('飞行时间/s');
ylabel('加速度估计偏差');
%%%%%%%%%%%%%%%%%%%%%%%%%%%%%%%%%%%%%%%%%%%%%%%%%%%%%%%%%
% 函数说明:  扩展 Kalman 滤波算法,子函数
% 函数参数:  ex 为扩展 Kalman 估计得到的状态
function [ex,P0]=ekf(F,G,Q,R,P0,u,z,ex)
% 状态预测
Xn=F*ex+G*u;
% 观测预测
Zn=[atan( Xn(2)/sqrt(Xn(1)^2+Xn(3)^2) ),atan(-1*Xn(3)/Xn(1))]';
% 协方差阵预测
P=F*P0*F'+Q;
% 计算线性化的 H 矩阵
dh1_dx=-1*Xn(1)*Xn(2)/(Xn(1)^2+Xn(2)^2+Xn(3)^2)/sqrt(Xn(1)^2+Xn(3)^2);
dh1_dy=sqrt(Xn(1)^2+Xn(3)^2)/(Xn(1)^2+Xn(2)^2+Xn(3)^2);
dh1_dz=-1*Xn(2)*Xn(3)/(Xn(1)^2+Xn(2)^2+Xn(3)^2)/sqrt(Xn(1)^2+Xn(3)^2);
dh2_dx=Xn(3)/(Xn(1)^2+Xn(3)^2);
dh2_dy=0;
dh2_dz=-1*Xn(1)/(Xn(1)^2+Xn(3)^2);
H=[dh1_dx,dh1_dy,dh1_dz,0,0,0,0,0,0;dh2_dx,dh2_dy,dh2_dz,0,0,0,0,0,0];
% Kalman 增益
K=P*H'/(H*P*H'+R);
% 状态更新
ex=Xn+K*(z-Zn);
```

```
%  协方差阵更新
P0=(eye(9)-K*H)*P;
%%%%%%%%%%%%%%%%%%%%%%%%%%%%%%%%%%%%%%%%%%%%%%%%%%%%%%%
```

4.5　扩展 Kalman 滤波在电池寿命估计中的应用

锂电池具有能量密度高、使用寿命长和对环境友好等优点，因而作为动力源在新能源汽车、便携式和其他各种电子设备中得到广泛应用。为保证锂电池的使用安全可靠，需要设计电池电量的管理系统对电池的状态进行监管，这是各大产商使用锂电池必须掌握的基础和核心。由于锂电池的动态非线性特性，近年来对锂电池的荷电状态（State of Charge，SOC）、功率状态（State of Power，SOP）和健康状态（State of Health，SOH）等进行估计已成为学术热点和工程难点。

4.5.1　电池寿命预测模型

电池储存寿命和循环寿命的预测和评估往往通过加速寿命试验来进行。在寿命试验中锂动力电池阻抗逐渐提高，容量、能量、功率发生不同程度的衰退，直到电池无法进行测试为止。根据电池性能衰退的不同表现形式，研究分别以容量衰减、功率下降、阻抗增加等为出发点，提出了不同的寿命预测模型。

1. 以容量衰减为基础的储存寿命模型

研究发现，石墨负极的副反应是引起锂动力电池容量衰减的主要原因。对比锂电池（$LiCoO_2/Gr$，$LiNi_{0.81}Co_{0.09}O_2/Gr$）在不同温度（15℃、30℃、40℃和60℃）和不同电压（3.8V、3.9V 和 4.0V）下储存时电池容量的衰减情况，认为负极 SEI 膜形成后，电解液与界面膜表面的副反应会造成锂离子的消耗，引起容量的持续衰减，于是提出的电池储存寿命 t 的模型为

$$t = \frac{A}{2B}x^2 + \frac{e_0}{B}x, (A = dn, B = k\gamma S) \tag{4.35}$$

式中，x 是损失的锂离子量，即损失的相对容量比；k、n 和 d 是常数；S、e_0 和 γ 分别表示 SEI 膜面积、厚度和电导率。这一模型中只考虑了温度（15～60℃）对电池储存寿命的影响，没有涉及电池电压，具有较大的局限性。

电解液中的杂质酸会侵蚀负极 SEI 膜，沉积的部分产物中锂离子会重新溶解，使容量得到部分恢复，负极 SEI 膜厚的速率方程如下：

$$\frac{\mathrm{d}N_{\mathrm{Lis}}}{\mathrm{d}t} = R_{\mathrm{f}} - R_0 \tag{4.36}$$

式中，N_{Lis} 为 SEI 膜消耗的锂离子；R_{f} 为沉积速率；R_0 为溶解速率。对式（4.36）积分得到容量损失的时间方程式：

$$t = -\left(\frac{R_{\mathrm{f},0} - R_{\mathrm{b}}}{R_{\mathrm{b}}^2 D}\right)\left[1 - \exp\left(-\frac{R_{\mathrm{b}}N_{\mathrm{loss}}D}{R_{\mathrm{f},0}}\right)\right] + \frac{N_{\mathrm{loss}}}{R_{\mathrm{b}}} \tag{4.37}$$

只要明确电池达到寿命终点时的容量损失率，即可算出储存寿命。这一方程关注的是负极 SEI 膜中锂重新溶解的速度对容量衰减的影响，而没有涉及外部温度、荷电状态，存在一定的局限。研究人员从动力电池的容量衰减的角度出发，利用 ECM 等效回路模型（Equivalent Circuit Model，ECM，如图 4.15 所示）来预测电池的储存寿命，而且还能模拟出经过老化搁置后电池在不同倍率下的放电行为。

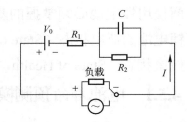

图 4.15　ECM 等效回路模型

根据此模型，电池在恒流放电条件下电压 V 可以表示为

$$Q(t) = \frac{Q(0)}{C}\mathrm{e}^{-t/R_2C} + V_0 - IR_1 - IR_2(1 - \mathrm{e}^{-t/R_2C}) \tag{4.38}$$

式中，$Q(0)$ 是初始容量；V_0 是与 SOC 有关的开路电压。从式（4.38）看出，端电压是电流与欧姆接触 R_1、电化学反应 R_2 的函数。其中，R_1 为常数，R_2 则随着老化搁置时间出现非线性的变化。拟合公式为

$$R_2 = a + b(\mathrm{SOC})^c + d\exp[(1 - \mathrm{SOC})^2] \tag{4.39}$$

式中，a、b、c、d 均是电池 SOC 与老化时间的函数。实验发现，电池内阻随老化时间逐渐提高，并且在较低 SOC 下老化搁置的电池内阻提高越明显，由此使电池容量以更快速度衰减。这一模型以 SOC 为主要变量，但是无法引入温度这一影响储存寿命的主要因素，同样具有局限性。

2. 以阻抗增加、功率衰退为基础的储存寿命模型

针对 $\mathrm{LiNi}_{0.8}\mathrm{Co}_{0.2}\mathrm{O}_2/\mathrm{Gr}$ 动力电池，研究人员在 60% 和 80%SOC 处进行多个温度（40～70℃）的储存寿命测试，以电池放电/再生电阻的变化为基础，提出了完全经验模型：

$$R_{\text{discharge,regen}} = a(\text{SOC})\left\{\exp\left[\frac{b(\text{SOC})}{T}\right]\right\}t^{\frac{1}{2}} + c(\text{SOC})\{\exp[d(\text{SOC})/T]\} \tag{4.40}$$

式中，a、b、c 和 d 是待估计的参数。试验数据表明 SOC 与温度存在交互作用，温度超过 70℃后，电池电阻增长方式发生变化，说明老化机理发生改变，因此只有在低于 70℃时的试验才有意义。根据高功率型动力电池（$LiNi_{0.8}Co_{0.15}Al_{0.05}O_2/Gr$）的功率衰退相对值与时间、温度（25～55℃）和 SOC（60%、80%和100%）的实验数据，可推导出这种电池储存寿命的完全经验模型，研究发现电池功率在寿命测试前 4 周快速下降，4 周之后功率的衰退与老化时间成 3/2 次方的关系，同时与温度存在 Arrehenius 关系，经验公式为

$$\hat{Y}(t;T;\text{SOC}) = \frac{\exp(\hat{a}_0 + \hat{a}_1(1/T))}{1 + \exp(\hat{a}_0 + \hat{a}_1(1/T))} - \exp\left(\hat{b}_0 + \hat{b}_1\frac{1}{T} + \hat{b}_2\text{SOC}\right)t^{\frac{3}{2}} \tag{4.41}$$

式中，Y 是功率的相对衰退率；a_0、a_1、b_0、b_1 和 b_2 是模型参数的估计值；t 是电池的储存时间。这样，电池在某组（T，SOC）下的储存寿命估计值可以表示为

$$\hat{t}_{\text{life}} = \left[\frac{\left(\exp(\hat{a}_0 + \hat{a}_1)\left(\frac{1}{T}\right)\right)/(1 + \exp(\hat{a}_0 + \hat{a}_1(1/t)))}{\exp\left(\hat{b}_0 + \hat{b}_1\frac{1}{T} + \hat{b}_2\text{SOC}\right)}\right]^{3/2} \tag{4.42}$$

这个经验模型只适用于 $LiNi_{0.8}Co_{0.15}Al_{0.05}O_2$ 动力电池储存 4 周以上（低于 55℃），以及功率衰退不超过 40%的情况。研究人员对第二代锂动力电池也进行了寿命方面的研究，发现电池阻抗随老化、循环时间而呈前后两个明显的变化阶段，拟合的公式为

$$Z_{\text{ASI}} = Z_{\text{AS}}I_0 + at^{1/2} + c(t - t_0),(c = 0, t < t_0) \tag{4.43}$$

式中，Z_{ASI} 是面积比阻抗；t_0 是 Z_{ASI} 变化规律发生改变的时间；a、c 可能与电池的老化温度、SOC 及充/放电制度有关，要探明这其中的规律需要电池研究领域的学者深入开展相关实验。

3. 以阻抗增加，功率衰退基础的循环寿命模型

针对（$LiNi_{0.8}Co_{0.2}O_2/Gr$）动力电池，在 60%和 80%SOC 处多个温度（40～70℃）下进行加速寿命测试，电池 SOC 变化幅度分别为 3%、6%和 9%，根据电池电阻与温度、SOC 与 Δ%SOC 的变化为基础，有研究人员提出了完全经验模型[7]：

$$R(t,T,\text{SOC},\Delta\%\text{SOC}) = A(T,\text{SOC},\Delta\%\text{SOC})t^{1/2} + B(T,\text{SOC},\Delta\%\text{SOC}) \tag{4.44}$$

其中，

$$A = a(\text{SOC}, \Delta\%\text{SOC})\{\exp[b(\text{SOC}, \Delta\%\text{SOC})/T]\}$$
$$B = c(\text{SOC}, \Delta\%\text{SOC})\{\exp[d(\text{SOC}, \Delta\%\text{SOC})/T]\}$$

这种循环寿命的经验模型，与式（4.40）提出的储存寿命经验模型非常相似，区别只在于影响因素中出现了代表循环条件及荷电状态变化幅度的变量 $\Delta\%\text{SOC}$。针对第二代锂离子电池，研究人员提出的循环寿命双 Sigmoid 模型（Double-Sigmoid Model，DSM）、多 Sigmoid 模型（Multiple Sigmoid Model，MSM）是基于人工神经网络原理的一种预测模型，不仅拟合程度高，还能够准确预测功率衰退到 50% 时的寿命。基于神经网络和深度学习的电池 SOC 估计是未来研究热点之一。

4. 以容量衰减为基础的循环寿命模型

电池循环充放过程中，SEI 膜电阻的提高会引起电池放电电压降低，电极扩散系数的降低则造成电池大倍率放电容量的衰减，根据第一性原理提出预测电池容量衰减的循环寿命半经验模型，通过电极 SOC、SEI 膜电阻和扩散系数的变化来定量研究电池循环容量的衰减。这一模型可以模拟出锂电池在不同循环次数时的放电曲线及容量，但是无法解决充电截止电压（End of Charged Voltage，EOCV）和放电深度（Depth of Discharged，DOD）对电池循环寿命的影响问题。

研究人员定量分析了 EOCV 和 DOD 对电池循环寿命的影响，提出的通用循环寿命模型弥补了这个缺点，认为决定锂离子的损失是由于电极电化学副反应和阳极膜电阻造成的，实验证实这一模型适用于多种循环制度。根据可靠性试验理论与加速寿命试验的基本原理，以温度和充/放电电流为加速应力，有研究人员提出电池容量衰减的修正模型：

$$C_r(n_c, T, I) = (ae^{\frac{a}{T}} + bI^{\beta} + c)n_c^{(le^{\frac{\lambda}{T}} + mI^{\eta} + f)} \tag{4.45}$$

式中，C_r 为容量衰减率；n_c 为循环次数；I 为放电电流。

4.5.2　数据加载

电池容量衰减服从[3]

$$Q = ae^{bk} + ce^{dk} \tag{4.46}$$

式中，Q 为电池容量（capacity）；k 为循环次数（cycle）。Q、a、b、c、d 含有噪声。

噪声的分布形式为高斯白噪声，均值为 0，方差未知。在这里给出预测模型的状态：

$$\boldsymbol{X}(k) = \begin{bmatrix} a(k) & b(k) & c(k) & d(k) \end{bmatrix}^{\mathrm{T}}$$

则状态方程为

$$\begin{cases} a(k+1) = a(k) + w_a(k), \ w_a \sim N(0, \sigma_a) \\ b(k+1) = b(k) + w_b(k), \ w_b \sim N(0, \sigma_b) \\ c(k+1) = c(k) + w_c(k), \ w_c \sim N(0, \sigma_c) \\ d(k+1) = d(k) + w_d(k), \ w_d \sim N(0, \sigma_d) \end{cases} \qquad (4.47)$$

观测方程为

$$\boldsymbol{Q}(k) = a(k)\mathrm{e}^{b(k)k} + c(k)\mathrm{e}^{d(k)k} + v(k) \qquad (4.48)$$

式中，观测噪声服从均值为 0、方差为 σ_v 的高斯白噪声，即 $v(k) \sim N(0, \sigma_v)$。

　　这里给出在美国马里兰大学实验室环境下测试得到电池的容量退化原始数据 Battery_Capacity.dat（此数据在本书配套的电子资料中能找到），编写程序将该数据加载在 MATLAB 中显示。

```
%%%%%%%%%%%%%%%%%%%%%%%%%%%%%%%%%%%%%%%%%%%%%%%%%%%%%
% 函数说明：加载并展示电池数据
%%%%%%%%%%%%%%%%%%%%%%%%%%%%%%%%%%%%%%%%%%%%%%%%%%%%%
function LoadDataTest
% Battery_Capacity 是来自美国马里兰大学关于电池测试的实验室数据
load Battery_Capacity
% 画图显示
figure
hold on;
box on;
plot(A3Cycle,A3Capacity,'-g*');
plot(A5Cycle,A5Capacity,'r*')
plot(A8Cycle,A8Capacity,'-b*')
plot(A12Cycle,A12Capacity,'m*')
%%%%%%%%%%%%%%%%%%%%%%%%%%%%%%%%%%%%%%%%%%%%%%%%%%%%%
```

　　得到如图 4.16 所示结果。可以看出，随着充/放电次数的增加，电池能储存的能量在逐渐变小。横坐标 cycle 代表充/放电循环次数，完成一次充/放电即为一个循环周期。纵坐标 capacity 为容量数据，这里已经归一化处理过了。当 capacity=0.7

时，就说明电池达到失效点了。读者可以选用 A1、A2、A3 和 A4 任意一条曲线做扩展 Kalman 滤波算法的数据验证实验。

现在需要做的工作就是根据电池早期的容量测量数据，来建立预测曲线，并预测再经过多少个循环电池就会失效。例如，已知 A4 电池的前面 30 个循环的容量测量数据，我们可以用粒子滤波来对这 30 个数据进行滤波优化，得到一组前期的状态值 a、b、c、d，那么我们可以利用这组优化的数据拟合，建立预测方程。

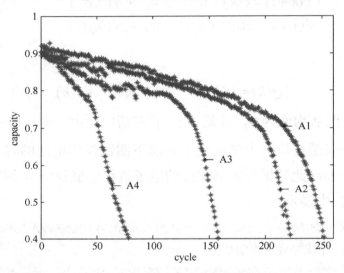

图 4.16　电池容量退化数据

a、b、c、d 的初始值可以用曲线拟合工具箱拟合前 n 个数据，分别得到 A1、A2、A3 前 n 个数据的平均值，见表 4.1。

表 4.1　初始值拟合结果

	a	b	c	d
A1	-2.403e-006	0.04681	0.9249	-0.0009156
A2	-8.867e-007	0.05802	0.9002	-0.000841
A3	-2.176e-005	0.06088	0.8778	-0.0008997

取状态的初始值为

$$[a_0, b_0, c_0, d_0]^T = [-0.0000083499, 0.055237, 0.90097, -0.00088543]^T$$

4.5.3　扩展 Kalman 程序及计算结果

系统模型的状态方程式（4.47）是线性的，而观测方程式（4.48）是非线性的。

因此，只需要对观测方程一阶线性化，求解观测矩阵：

$$H=\frac{\partial \boldsymbol{Q}(k)}{\partial \boldsymbol{X}(k)}=\left[\frac{\partial \boldsymbol{Q}(k)}{\partial \boldsymbol{a}(k)},\frac{\partial \boldsymbol{Q}(k)}{\partial \boldsymbol{b}(k)},\frac{\partial \boldsymbol{Q}(k)}{\partial \boldsymbol{c}(k)},\frac{\partial \boldsymbol{Q}(k)}{\partial \boldsymbol{d}(k)}\right] \tag{4.49}$$
$$=[e^{b(k)k},\ a(k)ke^{b(k)k},\ e^{d(k)k},\ c(k)ke^{d(k)k}]$$

编写算法程序如下：

```
%%%%%%%%%%%%%%%%%%%%%%%%%%%%%%%%%%%%%%%%%%%%%%%%%%%%%
% 函数功能：扩展 Kalman 滤波用于电源寿命预测
%%%%%%%%%%%%%%%%%%%%%%%%%%%%%%%%%%%%%%%%%%%%%%%%%%%%%
function main_ekf_battery
%%%%%%%%%%%%%%%%%%%%%%%%%%%%%%%%%%%%%%%%%%%%%%%%%%%%%
% 加载电池数据
load Battery_Capacity
N=length(A12Cycle)     % cycle 的总数，即电池测量数据的样本数目
% 我们选用 A12Cycle 这组数据中的前 N 个，用于对参数 a，b，c，d 的参数辨识
% 然后选用 N 之后的 100 个数字用于预测测试，读者也可以修改其他数字
if N>265
       N=265;   % 选取前面 N 个样本，辨识 a，b，c，d
end
Future_Cycle=100; % 预测未来趋势，选用的样本数

% 过程噪声协方差 Q
cita=1e-4
wa=0.000001;wb=0.01;wc=0.1;wd=0.0001;
Q=cita*diag([wa,wb,wc,wd]);
% 观测噪声协方差
R=0.001;

% 驱动矩阵
F=eye(4);
% 观测矩阵 H 需要动态求解

% a、b、c、d 赋初值
a=-0.0000083499;
b=0.055237;
c=0.90097;
d=-0.00088543;
X0=[a,b,c,d]';
```

```
    P0=eye(4);     % 协方差初始化

    % 滤波器状态初始化
    Xekf=zeros(4,N);
    Xekf(:,1)=X0;

    % 观测量
    Z(1:N)=A12Capacity(1:N,:)';
    Zekf=zeros(1,N);
    Zekf(1)=Z(1);
    %%%%%%%%%%%%%%%%%%%%%%%%%%%%%%%%%%%%%%%%%%%%%%%%%%%%%%%%%%%
    % 扩展 Kalman 滤波算法
    for k=2:N
        % 一步状态预测
        Xpredict=F*Xekf(:,k-1);
        % 观测预测
        Zpredict=hfun(Xpredict,k);
        % 求线性化的观测矩阵 H
        ebk=exp(Xpredict(2)*k);    % Q(k)对 a(k)求偏导数
        akebk=Xpredict(1)*k*ebk;  % Q(k)对 b(k)求偏导数
        edk=exp(Xpredict(4)*k);    % Q(k)对 c(k)求偏导数
        ckedk=Xpredict(3)*k*edk;  % Q(k)对 d(k)求偏导数
        H=[ebk,akebk,edk,ckedk];
        % 协方差预测
        P=F*P0*F'+Q;
        % 求 Kalman 增益
        Kg=P*H'*inv(H*P*H'+R)
        % 计算新息，即用观测值减去预测值
        e=Z(k)-Zpredict;
        % 状态更新
        Xekf(:,k)=Xpredict+Kg*e;
        % 根据滤波后的状态，计算观测
        Zekf(:,k)=hfun(Xekf(:,k),k);
        % 方差更新
        P0=(eye(4)-Kg*H)*P;
    end
    %%%%%%%%%%%%%%%%%%%%%%%%%%%%%%%%%%%%%%%%%%%%%%%%%%%%%%%%%%%
    % 预测未来电容的趋势
    % 这里只选择 Xekf(:,start) 点的估计值，理论上应对前期滤波得到的值做个整体处理的
```

% 由此导致预测不准确，后续的工作请好好处理 Xekf(:,1：start)这个矩阵的数据，
% 例如平滑处理、拟合处理等
% 处理 a、b、c、d 然后代入方程预测 SOC 的趋势
start=N-Future_Cycle
for k=start:N
　　ZQ_predict(1,k-start+1)=hfun(Xekf(:,start),k);
　　XQ_predict(1,k-start+1)=k;
end
%%%
% 画图
figure
hold on;box on;
plot(Z,'-b.')　% 实验数据，实际测量数据
plot(Zekf,'-r.') % 滤波器滤波后的数据
plot(XQ_predict,ZQ_predict,'-g.') % 预测的电容
bar(start,1,'y')
%%%
%%%
% 子函数名称：电容的观测函数
%%%
function Q=hfun(X,k)
Q=X(1)*exp(X(2)*k)+X(3)*exp(X(4)*k);
%%%

程序运行结果如图 4.17 所示，可见测量数据与 EKF 滤波数据吻合得比较好，
但是依据前 N（N=260）个数据拟合得到的数据，取 k=260 时的 a、b、c、d 数据
做预测，效果并不理想，建议读者可以从前 N 个数据的整体性改进算法，不能仅
用 k 为某个时刻的数据。

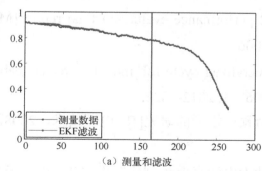

（a）测量和滤波

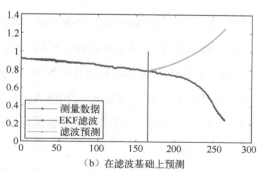

（b）在滤波基础上预测

图 4.17　电池估计运行结果

　　本章主要介绍粒子滤波在参数估计领域中的应用。在介绍电池寿命估计的背景资料和电池预测建模过程中，本文引用了参考文献[11-12]的内容，在此对原作者表示感谢。在此，建议相关领域读者阅读以下参考文献。

参 考 文 献

[1] 周荻. 寻的导弹新型导引规律[M]. 国防工业出版社，2010.8.

[2] Broussely M, Herreyre S, Biensan P, et al. Aging mechanism in Li ion cells and calendar life predictions [J]. J Power Sources, 2001, 97/98: 13-21.

[3] Spotnitz R. Simulation of capacity fade in lithium-ion batteries [J]. J Power Sources, 2003, 113: 72-80.

[4] Liaw B Y, Rudolph G J, Ganesan N, et al. Modeling capacity fade in lithium-ion cells [J]. J Power Sources, 2005, 140: 157-161.

[5] Wright R B, Motloch C G, Belt J R, et al. Calendar- and cycle-life studies of advanced technology development program generation 1 lithium-ion batteries [J]. J Power Sources, 2002, 110: 445-470.

[6] Christopherson J P, Bloom I, Edward V T, et al. Advanced technology development program for lithium-ion batteries: gen 2 performance evaluation final report [M]. Washington: US Department of Energy,2006.

[7] Randy B W, Chester G M. Cycle-life studies of advanced technology development program gen 1 lithium ion batteries [M]. Washington: US Department of Energy, 2001.

[8] Christopherson J P, Bloom I, Edward V T, et al. Advanced technology development program for lithium-ion batteries: gen 2 performance evaluation final report [M]. Washington: US Department of Energy,2006.

[9] Ning G, Ralph E W, Branko N P. A generalized cycle life model of rechargeable Li-ion batteries [J]. Electrochim Acta, 2006, 51: 2012-2022.

[10]黎火林，苏金然. 锂离子电池循环寿命预计模型的研究[J]. 电源技术，2008，32: 242-246.

[11]高飞，李建玲，赵淑红，王子冬. 锂动力电池寿命预测研究进展[J]. 电子元件与材料，2009,28(6):1-11.

[12] 刘大同，周建宝，郭力萌，彭宇. 锂离子电池健康评估和寿命预测综述[J]. 仪器仪表学报，2015,36(1):1-16.

[13] 张佳倩，刘志虎. 基于模型参数辨识和扩展卡尔曼滤波的锂电池荷电状态估计[J]. 工业控制计算机, 2019,32(9):153-156.

[14] 熊志刚，黄树彩，苑智玮，赵炜. 三维空间纯方位多目标跟踪 PHD 算法[J]. 电子学报，2018,46(6):1371-1377.

[15] 常路宾. 基于 SE(3)的扩展卡尔曼滤波姿态估计算法[J]. 中国惯性技术学报，2020,28(4):499-504,550.

第 5 章　无迹 Kalman 滤波

第 4 章讨论的扩展 Kalman 滤波算法是对非线性的系统方程或者观测方程进行泰勒（Taylor）展开并保留其一阶近似项，这样不可避免地引入了线性化误差。如果线性化假设不成立，采用这种算法则会导致滤波器性能下降以至于造成发散。另外，在一般情况下计算系统状态方程和观测方程的 Jacobian 矩阵是不易实现的，增加了算法的计算复杂度。

无迹 Kalman 滤波（Unscented Kalman Filter，UKF）摒弃了对非线性函数进行线性化的传统做法，采用 Kalman 线性滤波框架，对于一步预测方程，使用无迹变换（Unscented Transform，UT）来处理均值和协方差的非线性传递问题。无迹 Kalman 滤波算法是对非线性函数的概率密度分布进行近似，用一系列确定样本来逼近状态的后验概率密度，而不是对非线性函数进行近似，不需要对 Jacobian 矩阵进行求导。无迹 Kalman 滤波没有把高阶项忽略，因此对于非线性分布的统计量有较高的计算精度，有效地克服了扩展 Kalman 滤波的估计精度低、稳定性差的缺陷。

5.1　无迹 Kalman 滤波原理

5.1.1　无迹变换

无迹 Kalman 滤波是 S. Julier 等人提出的一种非线性滤波方法。与扩展 Kalman 滤波不同的是，它并不对状态方程 f 或观测方程 h 在估计点处做线性化逼近，而是利用无迹变换在估计点附近确定采样点，用这些样本点的高斯分布来表示状态的概率密度函数。

无迹变换实现方法：在原状态分布中按某一规则选取一些采样点，使这些采样点的均值和协方差等于原状态分布的均值和协方差；将这些点代入非线性函数中，相应得到非线性函数值点集，通过这些点集求取变换后的均值和协方差。这样得到的非线性变换后的均值和协方差精度最少具有二阶精度，即取 Taylor 级数展开的二次项。对于高斯分布，可达到三阶精度。其采样点的选择是基于先验均值和先验协方差矩阵的平方根的相关列实现的。

非线性变换比较如图 5.1 所示。

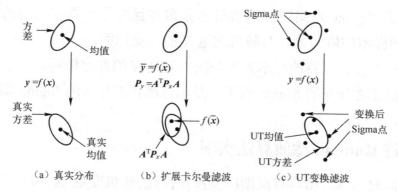

（a）真实分布　　　　（b）扩展卡尔曼滤波　　　（c）UT变换滤波

图 5.1　非线性变换比较

下面以对称分布采样的 UT 变换为例，简要介绍 UT 变换的基本原理。设一个非线性变换 $y = f(x)$。状态向量 x 为 n 维随机变量，并且已知其均值 $\bar{x}$ 和方差 P。则可通过下面的 UT 变换得到 $2n+1$ 个 Sigma 点 X 和相应的权值 ω 来计算 y 的统计特征。

（1）计算 $2n+1$ 个 Sigma 点，即采样点，这里的 n 指的是状态的维数。

$$
\begin{cases}
X^{(0)} = \bar{X}, \ i = 0 \\
X^{(i)} = \bar{X} + (\sqrt{(n+\lambda)P})_i, \ i = 1 \sim n \\
X^{(i)} = \bar{X} - (\sqrt{(n+\lambda)P})_i, \ i = n+1 \sim 2n
\end{cases}
\tag{5.1}
$$

式中，$(\sqrt{P})^{\mathrm{T}}(\sqrt{P}) = P$，$(\sqrt{P})_i$ 表示矩阵方根的第 i 列。

（2）计算这些采样点相应的权值。

$$
\begin{cases}
\omega_{\mathrm{m}}^{(0)} = \dfrac{\lambda}{n+\lambda} \\
\omega_{\mathrm{c}}^{(0)} = \dfrac{\lambda}{n+\lambda} + (1 - a^2 + \beta) \\
\omega_{\mathrm{m}}^{(i)} = \omega_{\mathrm{c}}^{(i)} = \dfrac{1}{2(n+\lambda)}, i = 1 \sim 2n
\end{cases}
\tag{5.2}
$$

式中，下标 m 为均值，c 为协方差，上标为第几个采样点。参数 $\lambda = a^2(n+\kappa) - n$ 是一个缩放比例参数，用来降低总的预测误差，a 的选取控制了采样点的分布状态，κ 为待选参数，其具体取值虽然没有界限，但通常应确保矩阵 $(n+\lambda)P$ 为半正定矩阵。待选参数 $\beta \geqslant 0$ 是一个非负的权系数，它可以合并方程中高阶项的动差，这样就可以把高阶项的影响包括在内。

UT 变换得到的 Sigma 点集具有下述性质：

（1）由于 Sigma 点集围绕均值对称分布并且对称点具有相同的权值，因此 Sigma 集合的样本均值为 $\bar{X}$，与随机向量 X 的均值相同。

（2）对于 Sigma 点集的样本方差与随机向量 X 的方差相同。

（3）任意正态分布的 Sigma 点集，是由标准正态分布的 Sigma 集合经过一个变换得到的。

5.1.2 无迹 Kalman 滤波算法实现

对于不同时刻 k，由具有高斯白噪声 $W(k)$ 的随机变量 X 和具有高斯白噪声 $V(k)$ 的观测变量 Z 构成的非线性系统可描述为

$$\begin{cases} X(k+1) = f(x(k),\ W(k)) \\ Z(k) = h(x(k),\ V(k)) \end{cases} \tag{5.3}$$

式中，f 是非线性状态方程函数；h 是非线性观测方程函数。设 $W(k)$ 具有协方差阵 Q，$V(k)$ 具有协方差阵 R，随机变量 X 在不同时刻 k 的无迹 Kalman 滤波算法基本步骤如下：

（1）利用式（5.1）和式（5.2）获得一组采样点（称为 Sigma 点集）及其对应权值。

$$X^{(i)}(k\,|\,k) = [\hat{X}(k\,|\,k) \quad \hat{X}(k\,|\,k) + \sqrt{(n+\lambda)P(k\,|\,k)} \quad \hat{X}(k\,|\,k) - \sqrt{(n+\lambda)P(k\,|\,k)}]$$

（2）计算 $2n+1$ 个 Sigma 点集的一步预测，$i=1, 2, \cdots, 2n+1$。

$$X^{(i)}(k+1\,|\,k) = f[k, X^{(i)}(k\,|\,k)]$$

（3）计算系统状态量的一步预测及协方差矩阵，它由 Sigma 点集的预测值加权求和得到，其中权值 $\omega^{(i)}$ 通过式（5.2）得到。这一点不同于传统 Kalman 滤波算法，传统 Kalman 算法只需通过上一时刻的状态代入状态方程，仅计算一次便获得状态的预测；而无迹 Kalman 滤波算法在此利用一组 Sigma 点的预测，并计算对它们加权求均值，得到系统状态量的一步预测。

$$\hat{X}(k+1\,|\,k) = \sum_{i=0}^{2n} \omega^{(i)} X^{(i)}(k+1\,|\,k)$$

$$P(k+1\,|\,k) = \sum_{i=0}^{2n} \omega^{(i)}[\hat{X}(k+1\,|\,k) - X^{(i)}(k+1\,|\,k)][\hat{X}(k+1\,|\,k) - X^{(i)}(k+1\,|\,k)]^{\mathrm{T}} + Q$$

（4）根据一步预测值，再次使用 UT 变换，产生新的 Sigma 点集。

$$\boldsymbol{X}^{(i)}(k+1\,|\,k)=[\hat{\boldsymbol{X}}(k+1\,|\,k)\quad \hat{\boldsymbol{X}}(k+1\,|\,k)+\sqrt{(n+\lambda)\boldsymbol{P}(k+1\,|\,k)}$$
$$\hat{\boldsymbol{X}}(k+1\,|\,k)-\sqrt{(n+\lambda)\boldsymbol{P}(k+1\,|\,k)}]$$

（5）将步骤（4）预测的 Sigma 点集代入观测方程，得到观测的一步预测，i=1，2，$\cdots$，2n+1。

$$\boldsymbol{Z}^{(i)}(k+1\,|\,k)=\boldsymbol{h}[\boldsymbol{X}^{(i)}(k+1\,|\,k)]$$

（6）由步骤（5）得到 Sigma 点集的观测预测值，通过加权求和得到系统预测的均值及协方差。

$$\bar{\boldsymbol{Z}}(k+1\,|\,k)=\sum_{i=0}^{2n}\omega^{(i)}\boldsymbol{Z}^{(i)}(k+1\,|\,k)$$

$$\boldsymbol{P}_{z_kz_k}=\sum_{i=0}^{2n}\omega^{(i)}[\boldsymbol{Z}^{(i)}(k+1\,|\,k)-\bar{\boldsymbol{Z}}(k+1\,|\,k)][\boldsymbol{Z}^{(i)}(k+1\,|\,k)-\bar{\boldsymbol{Z}}(k+1\,|\,k)]^{\mathrm{T}}+R$$

$$\boldsymbol{P}_{x_kz_k}=\sum_{i=0}^{2n}\omega^{(i)}[\boldsymbol{X}^{(i)}(k+1\,|\,k)-\bar{\boldsymbol{X}}(k+1\,|\,k)][\boldsymbol{Z}^{(i)}(k+1\,|\,k)-\bar{\boldsymbol{Z}}(k+1\,|\,k)]^{\mathrm{T}}$$

（7）计算 Kalman 增益矩阵。

$$\boldsymbol{K}(k+1)=\boldsymbol{P}_{x_kz_k}\boldsymbol{P}_{z_kz_k}^{-1}$$

（8）最后，计算系统的状态更新和协方差更新。

$$\hat{\boldsymbol{X}}(k+1\,|\,k+1)=\hat{\boldsymbol{X}}(k+1\,|\,k)+\boldsymbol{K}(k+1)[\boldsymbol{Z}(k+1)-\hat{\boldsymbol{Z}}(k+1\,|\,k)]$$

$$\boldsymbol{P}(k+1\,|\,k+1)=\boldsymbol{P}(k+1\,|\,k)-\boldsymbol{K}(k+1)\boldsymbol{P}_{z_kz_k}\boldsymbol{K}^{\mathrm{T}}(k+1)$$

由此可以看出，无迹 Kalman 滤波在处理非线性滤波时并不需要在估计点处做 Taylor 级数展开，然后再进行前 n 阶近似，而是在估计点附近进行 UT 变换，使获得的 Sigma 点集的均值和协方差与原统计特性匹配，再直接对这些 Sigma 点集进行非线性映射，以近似得到状态概率密度函数。这种近似其实质是一种统计近似而非解。

5.2　无迹 Kalman 滤波在单观测站目标跟踪中的应用

5.2.1　原理介绍

假定目标做匀速直线运动，在单个观测站对目标进行观测的前提下，再假设目标的初始状态已知。由 4.3 节内容可知，目标的运动方程可以写成：

$$X(k+1) = \boldsymbol{\Phi} X(k) + \boldsymbol{\Gamma} W(k) \tag{5.4}$$

$$Z(k) = \sqrt{(x(k)-x_0)^2 + (y(k)-y_0)^2} + V(k) \tag{5.5}$$

式中，

$$\boldsymbol{\Phi} = \begin{bmatrix} 1 & T & 0 & 0 \\ 0 & 1 & 0 & 0 \\ 0 & 0 & 1 & T \\ 0 & 0 & 0 & 1 \end{bmatrix}, \quad \boldsymbol{\Gamma} = \begin{bmatrix} T^2/2 & 0 \\ T & 0 \\ 0 & T^2/2 \\ 0 & T \end{bmatrix}$$

设采样时间间隔为 $T=1$s，运行的总时间 $N=60$s，则过程驱动矩阵和噪声驱动矩阵是常数矩阵，即

$$\boldsymbol{\Phi} = \begin{bmatrix} 1 & 1 & 0 & 0 \\ 0 & 1 & 0 & 0 \\ 0 & 0 & 1 & 1 \\ 0 & 0 & 0 & 1 \end{bmatrix}, \quad \boldsymbol{\Gamma} = \begin{bmatrix} 0.5 & 0 \\ 1 & 0 \\ 0 & 0.5 \\ 0 & 1 \end{bmatrix}$$

$W(k)$ 的均方差为 $Q = \sigma_w *\mathrm{diag}([1,1])$，$\sigma_w$ 为一个可调节的参数，$\sigma_w \ll 1$。$V(k)$ 的均方差为 $R=5$。同时设置 UT 变换中的相关系数，$\alpha = 0.01$，$\kappa = 0$，$\beta = 2$，维数 $n=9$。雷达所处的位置可以是任意的，在这里给定其位置为（200, 300）。图 5.2 是基于 UKF 算法的跟踪轨迹图。

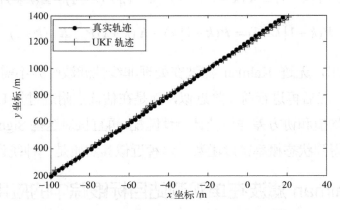

图 5.2 基于 UKF 算法的跟踪轨迹图

假设目标运动各时刻的真实状态信息为

$$X_{\mathrm{real}}(k) = [x_{\mathrm{real}}(k), \dot{x}_{\mathrm{real}}(k), y_{\mathrm{real}}(k), \dot{y}_{\mathrm{real}}(k)]^{\mathrm{T}}$$

而利用 UKF 滤波算法得到的目标状态为

$$X_{\mathrm{UKF}}(k) = [x_{\mathrm{UKF}}(k), \dot{x}_{\mathrm{UKF}}(k), y_{\mathrm{UKF}}(k), \dot{y}_{\mathrm{UKF}}(k)]^{\mathrm{T}}$$

定义均方根误差（RMSE）：

$$\mathrm{RMSE}(k) = \sqrt{(x_{\mathrm{UKF}}(k) - x_{\mathrm{real}}(k))^2 + (y_{\mathrm{UKF}}(k) - y_{\mathrm{real}}(k))^2} \qquad (5.6)$$

那么根据此定义，目标运行各时刻，利用 UKF 计算得到位置与目标真实位置的偏差，其结果如图 5.3 所示。

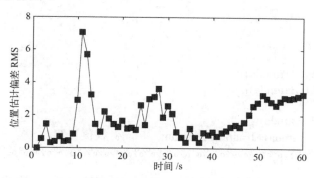

图 5.3　UKF 算法误差曲线图

5.2.2　仿真程序

```
%%%%%%%%%%%%%%%%%%%%%%%%%%%%%%%%%%%%%%%%%%%%%%%%%%%%%%%%%%%%%
%   无迹 Kalman 滤波在目标跟踪中的应用
%%%%%%%%%%%%%%%%%%%%%%%%%%%%%%%%%%%%%%%%%%%%%%%%%%%%%%%%%%%%%
function UKF
clc;clear;
T=1;                        % 雷达扫描周期
N=60/T;                     % 总的采样次数
X=zeros(4,N);               % 目标真实位置、速度

X(:,1)=[-100,2,200,20];     % 目标初始位置、速度
Z=zeros(1,N);               % 传感器对位置的观测
delta_w=1e-3;               % 如果增大这个参数，目标真实轨迹就是曲线了
Q=delta_w*diag([0.5,1]);    % 过程噪声均值
G=[T^2/2,0;T,0;0,T^2/2;0,T];    % 过程噪声驱动矩阵
R=5;                        % 观测噪声方差
F=[1,T,0,0;0,1,0,0;0,0,1,T;0,0,0,1];    % 状态转移矩阵
x0=200;                     % 观测站的位置，可以设为其他值
y0=300;
Xstation=[x0,y0];           % 雷达站的位置
%%%%%%%%%%%%%%%%%%%%%%%%%%%%%%%%%%%%%%%%%%%%%%%%%%%%%%%%%%%%%
```

```
v=sqrtm(R)*randn(1,N);
for t=2:N
      X(:,t)=F*X(:,t-1)+G*sqrtm(Q)*randn(2,1);   %  目标真实轨迹
end
for t=1:N
      Z(t)=Dist(X(:,t),Xstation)+v(t);                     %  对目标观测
end
%%%%%%%%%%%%%%%%%%%%%%%%%%%%%%%%%%%%%%%%%%%%%%%%%%%%%%%%%%%%%%%
%  UKF 滤波, UT 变换
L=4;
alpha=1;
kalpha=0;
belta=2;
ramda=3-L;
for j=1:2*L+1
      Wm(j)=1/(2*(L+ramda));
      Wc(j)=1/(2*(L+ramda));
end
Wm(1)=ramda/(L+ramda);
Wc(1)=ramda/(L+ramda)+1-alpha^2+belta;         %  权值计算
%%%%%%%%%%%%%%%%%%%%%%%%%%%%%%%%%%%%%%%%%%%%%%%%%%%%%%%%%%%%%%%
Xukf=zeros(4,N);
Xukf(:,1)=X(:,1);                                %  无迹 Kalman 滤波状态初始化
P0=eye(4);                                       %  协方差阵初始化
for t=2:N
      xestimate= Xukf(:,t-1);
      P=P0;
      %  第一步：获得一组 Sigma 点集
      cho=(chol(P*(L+ramda)))';
      for k=1:L
            xgamaP1(:,k)=xestimate+cho(:,k);
            xgamaP2(:,k)=xestimate-cho(:,k);
      end
      Xsigma=[xestimate,xgamaP1,xgamaP2];        %  Sigma 点集
      %  第二步：对 Sigma 点集进行一步预测
      Xsigmapre=F*Xsigma;

      %  第三步：利用第二步的结果计算均值和协方差
      Xpred=zeros(4,1);                  %  均值
      for k=1:2*L+1
            Xpred=Xpred+Wm(k)*Xsigmapre(:,k);
      end
      Ppred=zeros(4,4);                  %  协方差阵预测
      for k=1:2*L+1
Ppred=Ppred+Wc(k)*(Xsigmapre(:,k)-Xpred)*(Xsigmapre(:,k)-Xpred)';
      end
      Ppred=Ppred+G*Q*G';
```

```
% 第四步：根据预测值，再一次使用 UT 变换，得到新的 Sigma 点集
chor=(chol((L+ramda)*Ppred))';
for k=1:L
    XaugsigmaP1(:,k)=Xpred+chor(:,k);
    XaugsigmaP2(:,k)=Xpred-chor(:,k);
end
Xaugsigma=[Xpred XaugsigmaP1 XaugsigmaP2];

% 第五步：观测预测
for k=1:2*L+1                           % 观测预测
    Zsigmapre(1,k)=hfun(Xaugsigma(:,k),Xstation);
end

% 第六步：计算观测预测均值和协方差
Zpred=0;                                % 观测预测的均值
for k=1:2*L+1
    Zpred=Zpred+Wm(k)*Zsigmapre(1,k);
end
Pzz=0;
for k=1:2*L+1
Pzz=Pzz+Wc(k)*(Zsigmapre(1,k)-Zpred)*(Zsigmapre(1,k)-Zpred)';
end
Pzz=Pzz+R;                              % 得到协方差 Pzz

Pxz=zeros(4,1);
for k=1:2*L+1
Pxz=Pxz+Wc(k)*(Xaugsigma(:,k)-Xpred)*(Zsigmapre(1,k)-Zpred)';
end
% 第七步：计算 Kalman 增益
K=Pxz*inv(Pzz);                         % Kalman 增益
% 第八步：状态和方差更新
xestimate=Xpred+K*(Z(t)-Zpred);% 状态更新
P=Ppred-K*Pzz*K';                       % 方差更新
P0=P;
Xukf(:,t)=xestimate;
end

% 误差分析
for i=1:N
    Err_KalmanFilter(i)=Dist(X(:,i),Xukf(:,i));       % 滤波后的误差
end
%%%%%%%%%%%%%%%%%%%%%%%%%%%%%%%%%%%%%%%%%%%%%%%%%%%%%%%%%%%%%%%%
% 画图
figure
hold on;box on;
plot(X(1,:),X(3,:),'-k.');                            % 真实轨迹
plot(Xukf(1,:),Xukf(3,:),'-r+');                      % 无迹 Kalman 滤波轨迹
```

151

```
legend('真实轨迹','UKF 轨迹')
figure
hold on; box on;
plot(Err_KalmanFilter,'-ks','MarkerFace','r')
%%%%%%%%%%%%%%%%%%%%%%%%%%%%%%%%%%%%%%%%%%%%%%%%%%%%%%%%
%  子函数:求两点间的距离
function d=Dist(X1,X2)
if length(X2)<=2
    d=sqrt( (X1(1)-X2(1))^2 + (X1(3)-X2(2))^2 );
else
    d=sqrt( (X1(1)-X2(1))^2 + (X1(3)-X2(3))^2 );
end
%  观测子函数：观测距离
function [y]=hfun(x,xx)
y=sqrt((x(1)-xx(1))^2+(x(3)-xx(2))^2);
%%%%%%%%%%%%%%%%%%%%%%%%%%%%%%%%%%%%%%%%%%%%%%%%%%%%%%%%
```

5.3　无迹 Kalman 滤波在匀加速度直线运动目标跟踪中的应用

5.3.1　原理介绍

匀加速直线运动模型的建模过程与匀速直线运动模型类似，可以参考 4.3 节。考虑一个在二维平面 x–y 内运动的质点 M，其在某一时刻 k 的位置、速度和加速度可用矢量 $\boldsymbol{X}(k)=[x_k,y_k,\dot{x}_k,\dot{y}_k,\ddot{x}_k,\ddot{y}_k]^{\mathrm{T}}$ 表示。假设 M 在水平方向上（x 轴方向）作近似匀加速直线运动，垂直方向上（y 轴方向）亦作近似匀加速直线运动。两方向上运动都具有加性系统噪声 $\boldsymbol{W}(k)$，则在笛卡儿坐标系下该质点的运动状态方程为

$$\boldsymbol{X}(k+1)=\boldsymbol{\Phi}\boldsymbol{X}(k)+\boldsymbol{W}(k) \tag{5.7}$$

式中，

$$\boldsymbol{\Phi}=\begin{bmatrix} 1 & 0 & T & 0 & \dfrac{T^2}{2} & 0 \\ 0 & 1 & 0 & T & 0 & \dfrac{T^2}{2} \\ 0 & 0 & 1 & 0 & T & 0 \\ 0 & 0 & 0 & 1 & 0 & T \\ 0 & 0 & 0 & 0 & 1 & 0 \\ 0 & 0 & 0 & 0 & 0 & 1 \end{bmatrix}$$

假设坐标位置为 (x_0, y_0) 的雷达对质点 M 进行跟踪，则可以得到雷达和质点 M 之间的距离 r_k 和质点 M 相对于雷达的角度 φ_k。实际测量中雷达具有加性测量噪声 $\boldsymbol{V}(k)$。在以雷达为中心的坐标系下，观测方程为

$$\boldsymbol{Z}(k) = h(\boldsymbol{X}(k)) + \boldsymbol{V}(k) = \begin{bmatrix} r(k) + V_r(k) \\ \varphi(k) + V_\varphi(k) \end{bmatrix}$$

$$= \begin{bmatrix} \sqrt{(x(k) - x_0)^2 + (y(k) - y_0)^2} + V_r(k) \\ \arctan\left(\dfrac{y(k) - y_0}{x(k) - x_0}\right) + V_\varphi(k) \end{bmatrix} \qquad (5.8)$$

在笛卡儿坐标系下，该模型的状态方程是线性的，而观测方程是非线性的。读者可以进一步将该系统扩展到三维空间 x–y–z 坐标系下，那么目标的状态则是九维信息，更符合实际应用情况。

在仿真中假设系统噪声 $\boldsymbol{W}(k)$ 具有协方差阵 $\boldsymbol{Q}_k$，$\boldsymbol{V}(k)$ 具有协方差阵 $\boldsymbol{R}_k$，分别如下。

$$\boldsymbol{Q}_k = \begin{bmatrix} 1 & 0 & 0 & 0 & 0 & 0 \\ 0 & 1 & 0 & 0 & 0 & 0 \\ 0 & 0 & 0.1^2 & 0 & 0 & 0 \\ 0 & 0 & 0 & 0.1^2 & 0 & 0 \\ 0 & 0 & 0 & 0 & 0.01^2 & 0 \\ 0 & 0 & 0 & 0 & 0 & 0.01^2 \end{bmatrix}, \quad \boldsymbol{R}_k = \begin{bmatrix} 5^2 & 0 \\ 0 & 0.01^2 \end{bmatrix}$$

$\boldsymbol{W}$、$\boldsymbol{V}$ 二者不相关，观测次数 $N=50$，采样时间为 $T=0.5\text{s}$。初始状态 $\boldsymbol{X}(0) = [1000, 5000, 10, 50, 2, -4]^{\mathrm{T}}$，则生成的运动轨迹如图 5.4 所示，跟踪位置误差如图 5.5 所示。

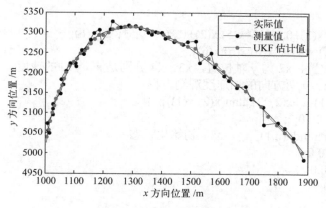

图 5.4　运动轨迹图

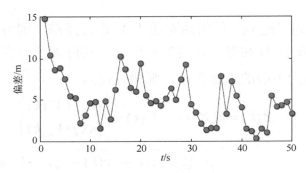

图 5.5　跟踪误差图

5.3.2　仿真程序

```
%%%%%%%%%%%%%%%%%%%%%%%%%%%%%%%%%%%%%%%%%%%%%%%%%%%%%%%%
% 功能说明：   UKF 在目标跟踪中的应用
% 参数说明：   1. 状态 6 维，x 方向的位置、速度、加速度；
%                y 方向的位置、速度、加速度；
%             2. 观测信息为距离和角度；
%%%%%%%%%%%%%%%%%%%%%%%%%%%%%%%%%%%%%%%%%%%%%%%%%%%%%%%%
function ukf_for_track_6_div_system
%%%%%%%%%%%%%%%%%%%%%%%%%%%%%%%%%%%%%%%%%%%%%%%%%%%%%%%%
n=6;                  % 状态位数
t=0.5;                % 采样时间
Q=[1 0 0 0 0 0;
   0 1 0 0 0 0;
   0 0 0.01 0 0 0;
   0 0 0 0.01 0 0;
   0 0 0 0 0.0001 0;
   0 0 0 0 0 0.0001];         % 过程噪声协方差阵
R = [100 0;
     0 0.001^2];              % 观测噪声协方差阵


% 状态方程
f=@(x)[x(1)+t*x(3)+0.5*t^2*x(5);x(2)+t*x(4)+0.5*t^2*x(6);…
       x(3)+t*x(5);x(4)+t*x(6);x(5);x(6)];
% x1 为 x 轴位置，x2 为 y 轴位置，x3、x4 分别是 x、y 轴的速度，
% x5、x6 为 x、y 两方向的加速度观测方程
h=@(x)[sqrt(x(1)^2+x(2)^2);atan(x(2)/x(1))];
s=[1000;5000;10;50;2; -4];
x0=s+sqrtm(Q)*randn(n,1);          % 初始化状态
P0 =[100 0 0 0 0 0;
     0 100 0 0 0 0;
     0 0 1 0 0 0;
     0 0 0 1 0 0;
     0 0 0 0 0.1 0;
```

```
        0 0 0 0 0 0.1];                      % 初始化协方差
N=50;                                        % 总仿真时间步数, 即总时间
Xukf = zeros(n,N);                           % UKF 滤波状态初始化
X = zeros(n,N);                              % 真实状态
Z = zeros(2,N);                              % 测量值
for i=1:N
    X(:,i)= f(s)+sqrtm(Q)*randn(6,1);              % 模拟, 产生目标运动真实轨迹
    s = X(:,i);
end
ux=x0;                                       % ux 为中间变量
for k=1:N
    Z(:,k)= h(X(:,k)) + sqrtm(R)*randn(2,1);       % 测量值    % 保存观测
    [Xukf(:,k),P0] = ukf(f,ux,P0,h,Z(:,k),Q,R);    % 调用 UKF 滤波算法
    ux=Xukf(:,k);
end
% 跟踪误差分析
% 这里只分析位置误差, 速度、加速度误差分析在此略, 读者可以自己尝试
for k=1:N
    RMS(k)=sqrt( (X(1,k) -Xukf(1,k))^2+(X(2,k) -Xukf(2,k))^2 );
end
%%%%%%%%%%%%%%%%%%%%%%%%%%%%%%%%%%%%%%%%%%%%%%%%%%%%%%%%%%%
% 画图, 轨迹图
figure
t=1:N;
hold on;box on;
plot( X(1,t),X(2,t), 'k-')
plot(Z(1,t).*cos(Z(2,t)),Z(1,t).*sin(Z(2,t)),'-b.')
plot(Xukf(1,t),Xukf(2,t),'-r.')
legend('实际值','测量值','UKF 估计值');
xlabel('x 方向位置/m')
ylabel('y 方向位置/m')
% 误差分析图

figure
box on;
plot(RMS,'-ko','MarkerFace','r')
xlabel('t/s')
ylabel('偏差/m')
% title('跟踪位置偏差')
%%%%%%%%%%%%%%%%%%%%%%%%%%%%%%%%%%%%%%%%%%%%%%%%%%%%%%%%%%%
% UKF 子函数
function [X,P]=ukf(ffun,X,P,hfun,Z,Q,R)
% 非线性系统中 UKF 算法
L=numel(X);                                  % 状态维数
m=numel(Z);                                  % 观测维数
alpha=1e-2;                                  % 默认系数, 参看 UT 变换, 下同
```

```
ki=0;                                    % 默认系数
beta=2;                                  % 默认系数
lambda=alpha^2*(L+ki) -L;                % 默认系数
c=L+lambda;                              % 默认系数
Wm=[lambda/c 0.5/c+zeros(1,2*L)];        % 权值
Wc=Wm;
Wc(1)=Wc(1)+(1-alpha^2+beta);            % 权值
c=sqrt(c);

% 第一步：获得一组 Sigma 点集
% Sigma 点集，在状态 X 附近的点集，X 是 6*13 矩阵，每列为 1 样本
Xsigmaset=sigmas(X,P,c);

% 第二、三、四步：对 Sigma 点集进行一步预测，得到均值 X1means 和方差 P1 和新 Sigma
点集 X1
% 对状态 UT 变换
[X1means,X1,P1,X2]=ut(ffun,Xsigmaset,Wm,Wc,L,Q);

% 第五、六步：得到观测预测，Z1 为 X1 集合的预测，Zpre 为 Z1 的均值，
% Pzz 为协方差，
[Zpre,Z1,Pzz,Z2]=ut(hfun,X1,Wm,Wc,m,R);   % 对观测 UT 变换
Pxz=X2*diag(Wc)*Z2';                      % 协方差 Pxz

% 第七步：计算 Kalman 增益
K=Pxz*inv(Pzz);

% 第八步：状态和方差更新
X=X1means+K*(Z-Zpre);                     % 状态更新
P=P1-K*Pxz';                              % 协方差更新
%%%%%%%%%%%%%%%%%%%%%%%%%%%%%%%%%%%%%%%%%%%%%%%%%%%%%%%%%%%%%%%
% UT 变换子函数
% 输入：fun 为函数句柄，Xsigma 为样本集，Wm 和 Wc 为权值，
%       n 为状态维数(n=6)，COV 为方差

% 输出：Xmeans 为均值，
function [Xmeans,Xsigma_pre,P,Xdiv]=ut(fun,Xsigma,Wm,Wc,n,COV)
LL=size(Xsigma,2);% 得到 Xsigma 样本个数
Xmeans=zeros(n,1);% 均值
Xsigma_pre=zeros(n,LL);
for k=1:LL
    Xsigma_pre(:,k)=fun(Xsigma(:,k));        % 一步预测
    Xmeans=Xmeans+Wm(k)*Xsigma_pre(:,k);
end
% Xmeans(:,ones(1,LL))将 Xmeans 扩展成 n*LL 矩阵，每一列都相等
Xdiv=Xsigma_pre-Xmeans(:,ones(1,LL));        % 预测减去均值
P=Xdiv*diag(Wc)*Xdiv'+COV;                   % 协方差
```

```
%%%%%%%%%%%%%%%%%%%%%%%%%%%%%%%%%%%%%%%%%%%%%%%%%%%%%%%%%%
% 产生 Sigma 点集函数
function Xset=sigmas(X,P,c)
A = c*chol(P)';% Cholesky 分解
Y = X(:,ones(1,numel(X)));
Xset = [X Y+A Y-A];
%%%%%%%%%%%%%%%%%%%%%%%%%%%%%%%%%%%%%%%%%%%%%%%%%%%%%%%%%%
```

5.4 无迹 Kalman 滤波与扩展 Kalman 滤波算法的应用比较

为了对比无迹 Kalman 滤波（UKF）和扩展 Kalman 滤波（EKF）两种算法的滤波效果，我们选用下面的系统进行仿真分析。这里选用一维非线性系统，状态方程为

$$x(k) = 0.5x(k-1) + \frac{2.5x(k-1)}{1+x(k-1)^2} + 8\cos(1.2k) + w(k)$$

观测方程为

$$Z(k) = \frac{x(k)^2}{20} + v(k)$$

该系统中，过程噪声 $w(k)$，它的方差为 Q，观测方程中的噪声为 $v(k)$，其方差为 R。

在 EKF 算法中，对状态方程和观测方程线性化求雅可比矩阵的方法为

$$F = \frac{\partial f}{\partial x} = 0.5 + \frac{2.5(1+x(k-1)^2) - 5x(k-1)^2}{(1+x(k-1)^2)^2}$$

$$H = \frac{\partial h}{\partial x} = \frac{x(k)}{10}$$

而在 UKF 的 UT 变换中，由于系统维数 $L=1$，取常数 $\alpha = 1$，$\kappa = 0$，$\beta = 2$，$\lambda = 3 - L$。

$k=1 \sim N$，$N=50$；过程噪声 $Q=10$，观测噪声 $R=1$，仿真该系统，得到状态估计的结果如图 5.6 所示。

为了更直观显示状态估计的准确性，我们将每个时刻的估计值与真实值做差，得到绝对值偏差，即

$$\text{RMS}(k) = \left| x_{\text{estimate}} - x_{\text{real}} \right|$$

得到 EKF 和 UKF 各个时刻的估计偏差结果如图 5.7 所示。可以看出，$k=1 \sim N$

时，并不是每一次 UKF 估计的结果都比 EKF 估计的更准确，但是整体上来看，UKF 的估计偏差会比 EKF 的小。

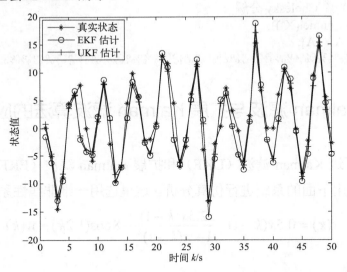

图 5.6　EKF 和 UKF 两种状态估计结果对比

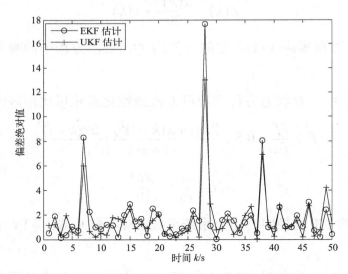

图 5.7　EKF 和 UKF 各个时刻的估计偏差对比

为了衡量误差的整体水平，我们做了多次仿真实验，每次实验误差的平均值定义为

$$\text{RMSE} = \frac{1}{N}\sum_{k=1}^{N}\text{RMS}(k)$$

从表 5.1 中可以看出，对 N 个时间序列的估计求平均值，那么 UKF 的误差均

值大多数情况是比 EKF 小的。这表明状态估计的准确性上 UKF 优于 EKF，但不是绝对的，如表 5.1 中第 3 次试验，EKF 的平均值较小，也就是说，UKF 从概率统计意义上优于 EKF。

表 5.1　多次试验的平均值

	1	2	3	4	5	6	7	8	……
EKF	2.5738	1.5331	1.5093	1.7568	1.6331	2.0469	1.6692	1.8235	……
UKF	2.1106	1.3132	1.5310	1.6758	1.4332	1.8934	1.5931	1.6121	……

由该仿真分析可以看出：在相同条件下，UKF 具有较 EKF 更高的滤波精度。对 RMSE 的均值和方差的计算则更有力地证明了 UKF 算法相对 EKF 算法的优越性。

UKF 算法以贝叶斯理论和 UT 变换为基础，在很大程度上克服了算法的线性化误差，具有广泛的应用前景。UKF 算法的缺点在于其参数的选择问题尚没有得到完全解决，而且其滤波效果与 EKF 算法一样也受到滤波初值的影响。

UKF 和 EKF 算法性能比较的仿真程序如下：

```
%%%%%%%%%%%%%%%%%%%%%%%%%%%%%%%%%%%%%%%%%%%%%%%%%%%%%%%%%%%
% 程序说明：对比 UKF 与 EKF 在非线性系统中应用的算法性能
%%%%%%%%%%%%%%%%%%%%%%%%%%%%%%%%%%%%%%%%%%%%%%%%%%%%%%%%%%%
function ukf_ekf_compair_example
N=50;   % 仿真时间或称数据点个数、步长
L=1;
% 过程噪声和观测噪声
Q=10;
R=1;
W=sqrtm(Q)*randn(L,N);
V=sqrt(R)*randn(1,N);
% 系统状态初始化
X=zeros(L,N);
X(:,1)=[0.1]';
% ukf 滤波器初始化
Xukf=zeros(L,N);
Xukf(:,1)=X(:,1)+sqrtm(Q)*randn(L,1);
Pukf=eye(L);
% ekf 滤波器初始化
Xekf=zeros(L,N);
Xekf(:,1)=X(:,1)+sqrtm(Q)*randn(L,1);
Pekf=eye(L);
% 观测初始化
Z=zeros(1,N);
Z(1)=X(:,1)^2/20+V(1);
```

```
%%%%%%%%%%%%%%%%%%%%%%%%%%%%%%%%%%%%%%%%%%%%%%%%%%%%%%%%
for k=2:N
    % 状态方程：一阶非线性系统
    X(:,k)=0.5*X(:,k-1)+2.5*X(:,k-1)/(1+X(:,k-1)^2)+8*cos(1.2*k)+W(k);
    % 观测方程也为非线性
    Z(k)=X(:,k)^2/20+V(k);
    % 调用 EKF 算法
    [Xekf(:,k),Pekf]=ekf(Xekf(:,k-1),Pekf,Z(k),Q,R,k);
    % 调用 UKF 算法
    [Xukf(:,k),Pukf]=ukf(Xukf(:,k-1),Pukf,Z(k),Q,R,k);
end
% 误差分析
err_ekf=zeros(1,N);
err_ukf=zeros(1,N);
for k=1:N
    % 计算 EKF 和 UKF 算法对真实状态之间的偏差
    err_ekf(k)=abs(Xekf(1,k)-X(1,k));
    err_ukf(k)=abs(Xukf(1,k)-X(1,k));
end
XX=X-W;
% 计算偏差的均值
err_ave_ekf=sum(err_ekf)/N
err_ave_ukf=sum(err_ukf)/N
%%%%%%%%%%%%%%%%%%%%%%%%%%%%%%%%%%%%%%%%%%%%%%%%%%%%%%%%
% 画图，对比两种算法与真实状态之间的曲线图
figure
hold on;box on;
plot(X,'-r*');
plot(Xekf,'-ko');
plot(Xukf,'-b+');
legend('真实状态','EKF 估计','UKF 估计')
xlabel('时间 k/s')
ylabel('状态值')
% 画图，对比两种算法与真实状态之间的偏差
figure
hold on;box on;
plot(err_ekf,'-ro');
plot(err_ukf,'-b+');
xlabel('时间 k/s')
ylabel('偏差绝对值')
legend('EKF 估计','UKF 估计')
%%%%%%%%%%%%%%%%%%%%%%%%%%%%%%%%%%%%%%%%%%%%%%%%%%%%%%%%
% 子程序：EKF 算法
function [Xout,Pout]=ekf(Xin,P,Zin,Q,R,k)
% 状态的一步预测
Xpre=0.5*Xin+2.5*Xin/(1+Xin^2)+8*cos(1.2*k);
% 状态转移矩阵的一阶线性化
F=[0.5+(2.5*(1+Xpre^2)-2.5*Xpre*2*Xpre)/(1+Xpre^2)^2];
```

```matlab
% 状态预测
Ppre=F*P*F'+Q;
% 观测预测
Zpre=Xpre^2/20;
% 观测矩阵的一阶线性化
H=[Xpre/10];
% 计算 Kalman 增益
K=Ppre*H'/(H*Ppre*H'+R);
% 状态更新
Xout=Xpre+K*(Zin-Zpre);
% 方差更新
Pout=(eye(1)-K*H)*Ppre;
%%%%%%%%%%%%%%%%%%%%%%%%%%%%%%%%%%%%%%%%%%%%%%%%%%%%%%%%%%
% 子程序：UKF 算法
function [Xout,Pout]=ukf(X,P0,Z,Q,R,k)
% 参数设置
L=1;                    % 状态维数
alpha=1;                % UT 变换相关系数
kalpha=0;               % UT 变换相关系数
belta=2;                % UT 变换相关系数
ramda=3-L;              % UT 变换相关系数
% 权值
for j=1:2*L+1
    Wm(j)=1/(2*(L+ramda));
    Wc(j)=1/(2*(L+ramda));
end
Wm(1)=ramda/(L+ramda);
Wc(1)=ramda/(L+ramda)+1-alpha^2+belta;
xestimate= X;
P=P0;
cho=(chol(P*(L+ramda)))';

% Sigma 点的计算
for j=1:L
    xgamaP1(:,j)=xestimate+cho(:,j);
    xgamaP2(:,j)=xestimate-cho(:,j);
end
Xsigma=[xestimate,xgamaP1,xgamaP2];

% 预测
for j=1:2*L+1
    Xsigmapre(:,j)=0.5*Xsigma(:,j)+2.5*Xsigma(:,j)/(1+Xsigma(:,j)^2)+8*cos(1.2*k);
end
Xpred=0;
for j=1:2*L+1
    Xpred=Xpred+Wm(j)*Xsigmapre(:,j);
end
% 协方差预测
```

```
Ppred=0;
for j=1:2*L+1
    Ppred=Ppred+Wc(j)*(Xsigmapre(:,j)-Xpred)*(Xsigmapre(:,j)-Xpred)';
end
Ppred=Ppred+Q;
chor=(chol((L+ramda)*Ppred))';
for j=1:L
    XaugsigmaP1(:,j)=Xpred+chor(:,j);
    XaugsigmaP2(:,j)=Xpred-chor(:,j);
end
Xaugsigma=[Xpred XaugsigmaP1 XaugsigmaP2];
for j=1:2*L+1
    Zsigmapre(1,j)=Xaugsigma(:,j)^2/20;
end
% 两个重要的协方差预测
Zpred=0;
for j=1:2*L+1
    Zpred=Zpred+Wm(j)*Zsigmapre(1,j);
end
Pzz=0;
for j=1:2*L+1
    Pzz=Pzz+Wc(j)*(Zsigmapre(1,j)-Zpred)*(Zsigmapre(1,j)-Zpred)';
end
Pzz=Pzz+R;

Pxz=0;
for j=1:2*L+1
    Pxz=Pxz+Wc(j)*(Xaugsigma(:,j)-Xpred)*(Zsigmapre(1,j)-Zpred)';
end
% 计算 Kalman 增益
K=Pxz*inv(Pzz);
% 状态更新
xestimate=Xpred+K*(Z-Zpred);
% 协方差更新
P=Ppred-K*Pzz*K';
% 输出，返回值设置
Pout=P;
Xout=xestimate;
%%%%%%%%%%%%%%%%%%%%%%%%%%%%%%%%%%%%%%%%%%%%%%%%%%%%%%%%%%%%%%%
```

5.5 无迹 Kalman 滤波算法在电池寿命估计中的应用

电池寿命估计的背景介绍、数学建模等请参考 4.5 节。我们依然采用公式系统状态方程式（4.47）和观测方程式（4.48）的内容，相关参数初始化也同扩展 Kalman 滤波算法，编写算法程序如下：

```
%%%%%%%%%%%%%%%%%%%%%%%%%%%%%%%%%%%%%%%%%%%%%%%%%%%%%%%%%%%%%%%
```

```matlab
% 函数功能：扩展 Kalman 滤波用于电源寿命预测
function main
% 加载电池观测数据
load Battery_Capacity
N=length(A12Cycle)     % cycle 的总数，即电池测量数据的样本数目
% 我们选用 A12Cycle 这组数据中的前 N 个，用于对参数 a、b、c、d 的参数辨识
% 然后选用 N 之后的 100 个数字用于预测测试，读者也可以修改其他数字
if N>265
    N=265;    % 选取前面 N 个样本，辨识 a、b、c、d
end
Future_Cycle=100; % 预测未来趋势，选用的样本数

% 过程噪声协方差 Q
cita=1e-4
wa=0.000001;wb=0.01;wc=0.1;wd=0.0001;
Q=cita*diag([wa,wb,wc,wd]);
% 观测噪声协方差
R=0.001;

% 驱动矩阵
F=eye(4);
% 观测矩阵 H 需要动态求解

% a,b,c,d 赋初值
a=-0.0000083499;
b=0.055237;
c=0.90097;
d=-0.00088543;
X0=[a,b,c,d]';
Pekf=eye(4);    % 协方差初始化
Pukf=eye(4);    % 协方差初始化

% 滤波器状态初始化
Xekf=zeros(4,N);
Xekf(:,1)=X0;
Xukf=zeros(4,N);
Xukf(:,1)=X0;

% 观测量
Z(1:N)=A12Capacity(1:N,:)';
Zekf=zeros(1,N);
Zekf(1)=Z(1);
Zukf=zeros(1,N);
Zukf(1)=Z(1);
%%%%%%%%%%%%%%%%%%%%%%%%%%%%%%%%%%%%%%%%%%%%%%%%%%%%%%%%%%%%%%%%%%%
% 扩展 Kalman 滤波算法
for k=2:N
    % 调用 EKF 算法
```

```
        [Xekf(:,k),Pekf]=ekf_battery(Xekf(:,k-1),Z(k),k,Q,R,Pekf);
        % 根据滤波后的状态，计算观测
        Zekf(:,k)=hfun(Xekf(:,k),k);
        % 调用 UKF 算法
        % [Xukf(:,k),Pukf]=ukf_battery(Xukf(:,k-1),Z(k),k,Q,R,Pukf);
        [Xukf(:,k),Pukf]=ukf_battery2(Xukf(:,k-1),Z(k),k,Q,R,Pukf);
        % 根据滤波后的状态，计算观测
        Zukf(:,k)=hfun(Xukf(:,k),k);
end
%%%%%%%%%%%%%%%%%%%%%%%%%%%%%%%%%%%%%%%%%%%%%%%%%%%%%%%
% 预测未来电容的趋势
% 这里只选择 Xekf(:,start) 点的估计值，理论上是要对前期滤波得到的值做个整体处理的
% 由此导致预测不准确，后续的工作请好好处理 Xekf(:,1:start)，这个矩阵的数据，平滑
% 处理 a、b、c、d，然后代入方程预测电池寿命的趋势
start=N-Future_Cycle
for k=start:N
        ZQ_predict(1,k-start+1)=hfun(Xekf(:,start),k);
        XQ_predict(1,k-start+1)=k;
end
%%%%%%%%%%%%%%%%%%%%%%%%%%%%%%%%%%%%%%%%%%%%%%%%%%%%%%%
% 画图
figure
hold on;box on;
plot(Z,'-b.')    % 实验数据，实际测量数据
plot(Zekf,'-r.') % 滤波器滤波后的数据
plot(Zukf,'-g.') % 滤波器滤波后的数据
% plot(XQ_predict,ZQ_predict,'-g.') % 预测的电容
bar(start,1,'y')
legend('测量数据','EKF 滤波','UKF 滤波')
%%%%%%%%%%%%%%%%%%%%%%%%%%%%%%%%%%%%%%%%%%%%%%%%%%%%%%%
%%%%%%%%%%%%%%%%%%%%%%%%%%%%%%%%%%%%%%%%%%%%%%%%%%%%%%%
% 子程序功能：扩展 Kalman 滤波算法
%%%%%%%%%%%%%%%%%%%%%%%%%%%%%%%%%%%%%%%%%%%%%%%%%%%%%%%
% function [Xout,Zout,Pout]=ukf_battery(X,Z,k,Q,R,P)
% UKF 滤波，UT 变换
L=4;    % 状态的维数
alpha=1;
kalpha=0;
belta=2;
ramda=3-L;
% 初始化权值，分配内存
Wm=zeros(1,2*L+1);
Wc=zeros(1,2*L+1);
for j=1:2*L+1
        Wm(j)=1/(2*(L+ramda));
        Wc(j)=1/(2*(L+ramda));
end
Wm(1)=ramda/(L+ramda);
```

```
Wc(1)=ramda/(L+ramda)+1-alpha^2+belta;      % 权值计算
%%%%%%%%%%%%%%%%%%%%%%%%%%%%%%%%%%%%%%%%%%%%%%%%%%%%%
F=eye(4);
G=1;   % 过程噪声驱动矩阵，本例为 1
P0=P;
% Q   过程噪声
% R   测量噪声


% 第一步：获得一组 Sigma 点集
cho=(chol(P*(L+ramda)))';       % 用到方差 P
for k=1:L
    xgamaP1(:,k)=X+cho(:,k);
    xgamaP2(:,k)=X-cho(:,k);
end
Xsigma=[X,xgamaP1,xgamaP2]; % 得到 Sigma 点集

% 第二步：对 Sigma 点集进行一步预测
Xsigmapre=F*Xsigma;

% 第三步：利用第二步的结果计算均值和协方差
Xpred=zeros(L,1);       % 均值
for k=1:2*L+1
    Xpred=Xpred+Wm(k)*Xsigmapre(:,k);
end
Ppred=zeros(L,L);       % 协方差阵预测
for k=1:2*L+1
    Ppred=Ppred+Wc(k)*(Xsigmapre(:,k)-Xpred)*(Xsigmapre(:,k)-Xpred)';
end
Ppred=Ppred+Q;

% 第四步：根据预测值，再一次使用 UT 变换，得到新的 Sigma 点集
chor=(chol(Ppred*(L+ramda)))';
XaugsigmaP1=zeros(L,L);
XaugsigmaP2=zeros(L,L);
for k=1:L
    XaugsigmaP1(:,k)=Xpred+chor(:,k);
    XaugsigmaP2(:,k)=Xpred-chor(:,k);
end
Xaugsigma=[Xpred XaugsigmaP1 XaugsigmaP2];

% 第五步：观测预测
Zsigmapre=zeros(1,2*L+1);
for k=1:2*L+1       % 观测预测
    Zsigmapre(1,k)=hfun(Xaugsigma(:,k),kk);
end

% 第六步：计算观测预测均值和协方差
Zpred=0;                % 观测预测的均值
```

```
for k=1:2*L+1
    Zpred=Zpred+Wm(k)*Zsigmapre(1,k);
end
Pzz=0;
for k=1:2*L+1
    Pzz=Pzz+Wc(k)*(Zsigmapre(1,k)-Zpred)*(Zsigmapre(1,k)-Zpred)';
end
Pzz=Pzz+R;    % 得到协方差 Pzz
Pxz=zeros(L,1);
for k=1:2*L+1
    Pxz=Pxz+Wc(k)*(Xaugsigma(:,k)-Xpred)*(Zsigmapre(1,k)-Zpred)';
end

% 第七步：计算 Kalman 增益
Kg=Pxz*inv(Pzz);                           % Kalman 增益
% 第八步：状态和方差更新
Xout=Xpred+Kg*(Z-Zpred);                   % 状态更新
Pout=Ppred-Kg*Pzz*Kg';                     % 方差更新
%%%%%%%%%%%%%%%%%%%%%%%%%%%%%%%%%%%%%%%%%%%%%%%%%%%%%%%%%%%%%%
```

运行结果如图 5.8 所示，其运行结果基本与扩展 Kalman 滤波（EKF）一致，读者可以尝试对比两种算法的性能，以及对未来趋势的预测能力等。

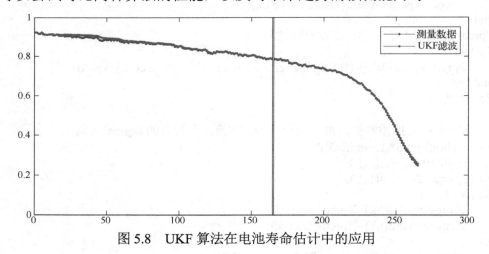

图 5.8   UKF 算法在电池寿命估计中的应用

参 考 文 献

[1]   刘鑫蕊，常鹏，孙秋野. 基于 XGBoost 和无迹 Kalman 滤波自适应混合预测的电网虚假数据注入攻击检测[J]. 中国电机工程学报，2021,41(16):5462-5476.

[2]   娄泰山，王晓乾，赵良玉，赵素娜. 自适应快速弱敏无迹 Kalman 滤波算法[J]. 控制与决策，2021,1:1-7.

[3]　邹汝平，刘建书. 基于概率假设密度滤波与无迹 Kalman 滤波的多目标跟踪与识别[J]. 兵工学报，2020,41(8):1502-1508.

[4]　闫小龙，陈国光，田晓丽. 两步快速可重构无迹 Kalman 滤波算法测量导弹滚转角[J]. 仪器仪表学报，2018,39(6):140-147.

[5]　黄景帅，李永远，汤国建，包为民. 高超声速滑翔目标自适应跟踪方法[J]. 航空学报，2020,41(9):297-310.

[6]　鲍水达，张安，毕文豪. 快速强跟踪 UKF 算法及其在机动目标跟踪中的应用[J]. 系统工程与电子技术，2018,40(6):1189-1196.

[7]　李敏，王松艳，张迎春，李化义. 改进的强跟踪平方根 UKF 在卫星导航中应用[J]. 系统工程与电子技术，2015,37(8):1858-1865.

[8]　郭泽，缪玲娟，赵洪松. 一种改进的强跟踪 UKF 算法及其在 SINS 大方位失准角初始对准中的应用[J]. 航空学报，2014,35(1):203-214.

[9]　王宝宝，吴盘龙. 基于平方根无迹 Kalman 滤波平滑算法的水下纯方位目标跟踪[J]. 中国惯性技术学报，2016,24(2):180-184.

[10]　商临峰，杨小军，邢科义. 局域跟踪的测速雷达网量测融合弹道解算[J]. 电子学报，2013,41(3):615-618.

[11]　王品，谢维信，刘宗香，李鹏飞. 几种面向弹道目标跟踪算法的性能评估[J]. 深圳大学学报，2012,29(5):19-25.

[12]　商临峰，邢科义，甘友谊. 信标模式机动目标跟踪数据实时处理[J]. 控制理论与应用，2012,29(1):59-63.

[13]　黄峰，冯金富，张佳强，王燊燊. 一种基于树形结构融合的目标跟踪算法[J]. 控制与决策，2011,26(11):1735-1739+1744.

[14]　肖胜，邢昌风，石章松. 基于目标跟踪的移动信标辅助节点定位算法[J]. 系统工程与电子技术，2011,33(5):1135-1138.

[15]　江宝安，万群. 基于 UKF-IMM 的双红外机动目标跟踪算法[J]. 系统工程与电子技术，2008(8):1454-1459.

[16]　吴玲，卢发兴，刘忠. UKF 算法及其在目标被动跟踪中的应用[J]. 系统工程与电子技术，2005(1):49-51+75.

第 6 章 交互多模型 Kalman 滤波

在 Kalman 滤波算法中用到了状态转移方程和观测方程，被估计量随时间变化，它是一种动态估计。在目标跟踪中，不必知道目标的运动模型就能够实时地修正目标的状态参量（位置、速度等），具有较好的适应性。但是当目标机动运动（突然转弯或加、减速等）时，仅采用基本的 Kalman 滤波算法往往得不到理想的结果。这时需要采用自适应算法。交互多模型（IMM）算法是一种软切换算法，最初由 H. A. PBlom 在 1984 年提出，目前在机动目标跟踪领域得到了广泛的应用。IMM 算法使用两个或更多的模型来描述工作过程中可能的状态，最后通过有效的加权融合进行系统状态估计，很好地克服了单模型估计误差较大的问题。

6.1 交互多模型 Kalman 滤波原理

IMM 算法采用多个 Kalman 滤波器进行并行处理。每个滤波器对应不同的状态空间模型，不同的状态空间模型描述不同的目标运行模式，所以每个滤波器对目标状态的估计结果不同。IMM 算法的基本思想是，在每一时刻，假设某个模型在现在时刻有效的条件下，通过混合前一时刻所有滤波器的状态估计值来获得与这个特定模型匹配的滤波器的初始条件，然后对每个模型并行进行正规滤波（预测和修正）；最后，以模型匹配似然函数为基础更新模型概率，并组合所有滤波器修正后的状态估计值（加权和）以得到状态估计。因此，IMM 算法的估计结果是对不同模型所得估计的混合，而不是仅仅在每一个时刻选择完全正确的模型来估计。下面介绍 IMM 算法的一般步骤。

假定目标有 r 种运动状态，对应有 r 个运动模型（即 r 个状态转移方程），设第 j 个模型表示的目标状态方程为

$$X_j(k+1) = \Phi_j(k)X_j(k) + G_j(k)W_j(k) \tag{6.1}$$

观测方程为

$$Z(k) = H(k)X(k) + V(k) \tag{6.2}$$

式中，$W_j(k)$ 是均值为 0，协方差矩阵为 Q_j 的白噪声序列。各模型之间的转移由马尔可夫概率转移矩阵确定，其中的元素 p_{ij} 表示目标由第 i 个运动模型转移到第 j 个运动模型的概率，概率转移矩阵如下。

$$P = \begin{bmatrix} p_{11} & \cdots & p_{1r} \\ \cdots & \cdots & \cdots \\ p_{r1} & \cdots & p_{rr} \end{bmatrix} \tag{6.3}$$

IMM 算法是以递推方式进行的，每次递推主要分为以下 4 个步骤。

步骤 1：输入交互（模型 j）

由目标的状态估计 $\hat{X}_i(k-1|k-1)$ 与上一步中每个滤波器的模型概率 $\mu_j(k-1)$ 得到混合估计 $\hat{X}_{0j}(k-1|k-1)$ 和协方差 $P_{0j}(k-1|k-1)$，将混合估计作为当前循环的初始状态。具体的参数计算如下：

模型 j 的预测概率（归一化常数）为

$$\bar{c}_j = \sum_{i=1}^{r} p_{ij}\mu_i(k-1) \tag{6.4}$$

模型 i 到模型 j 的混合概率：

$$\mu_{ij}(k-1|k-1) = \sum_{i=1}^{r} p_{ij}\mu_i(k-1) / \bar{c}_j \tag{6.5}$$

模型 j 的混合状态估计：

$$\hat{X}_{0j}(k-1|k-1) = \sum_{i=1}^{r} \hat{X}_i(k-1|k-1)\mu_{ij}(k-1|k-1) \tag{6.6}$$

模型 j 的混合协方差估计：

$$\begin{aligned} P_{0j}(k-1|k-1) = \sum_{i=1}^{r} \mu_{ij}(k-1|k-1)\{&P_i(k-1|k-1) \\ &+ [\hat{X}_i(k-1|k-1) - \hat{X}_{0j}(k-1|k-1)] \\ &\cdot [\hat{X}_i(k-1|k-1) - \hat{X}_{0j}(k-1|k-1)]^{\mathrm{T}}\} \end{aligned} \tag{6.7}$$

式中，p_{ij} 为模型 i 到模型 j 的转移概率；$\mu_j(k-1)$ 为模型 j 在 $k-1$ 时刻的概率。

步骤 2：Kalman 滤波（模型 j）

以 $\hat{\boldsymbol{X}}_{0j}(k-1|k-1)$、$\boldsymbol{P}_{0j}(k-1|k-1)$ 及 $\boldsymbol{Z}(k)$ 作为输入进行 Kalman 滤波，来更新预测状态 $\hat{\boldsymbol{X}}_j(k|k)$ 和滤波协方差 $\boldsymbol{P}_j(k|k)$。

预测：

$$\hat{\boldsymbol{X}}_j(k|k-1) = \boldsymbol{\Phi}_j(k-1)\hat{\boldsymbol{X}}_{0j}(k-1|k-1) \tag{6.8}$$

预测误差协方差：

$$\boldsymbol{P}_j(k|k-1) = \boldsymbol{\Phi}_j \boldsymbol{P}_{0j}(k-1|k-1)\boldsymbol{\Phi}_j^{\mathrm{T}} + \boldsymbol{G}_j \boldsymbol{Q}_j \boldsymbol{G}_j^{\mathrm{T}} \tag{6.9}$$

Kalman 增益：

$$\boldsymbol{K}_j(k) = \boldsymbol{P}_j(k|k-1)\boldsymbol{H}^{\mathrm{T}}[\boldsymbol{H}\boldsymbol{P}_j(k|k-1)\boldsymbol{H}^{\mathrm{T}} + \boldsymbol{R}]^{-1} \tag{6.10}$$

滤波：

$$\hat{\boldsymbol{X}}_j(k|k) = \hat{\boldsymbol{X}}_j(k|k-1) + \boldsymbol{K}_j(k)[\boldsymbol{Z}(k) - \boldsymbol{H}(k)\boldsymbol{X}_j(k|k-1)] \tag{6.11}$$

滤波协方差：

$$\boldsymbol{P}_j(k|k) = [\boldsymbol{I} - \boldsymbol{K}_j(k)\boldsymbol{H}(k)]\boldsymbol{P}_j(k|k-1) \tag{6.12}$$

步骤 3：模型概率更新

采用似然函数来更新模型概率 $\mu_j(k)$，模型 j 的似然函数为

$$\Lambda_j(k) = \frac{1}{(2\pi)^{n/2}|\boldsymbol{S}_j(k)|^{1/2}}\exp\left\{-\frac{1}{2}\boldsymbol{v}_j^{\mathrm{T}}\boldsymbol{S}_j^{-1}(k)\boldsymbol{v}_j\right\} \tag{6.13}$$

式中，

$$\boldsymbol{v}_j(k) = \boldsymbol{Z}(k) - \boldsymbol{H}(k)\hat{\boldsymbol{X}}_j(k|k-1)$$

$$\boldsymbol{S}_j(k) = \boldsymbol{H}(k)\boldsymbol{P}_j(k|k-1)\boldsymbol{H}(k)^{\mathrm{T}} + \boldsymbol{R}(k)$$

则模型 j 的概率为

$$\mu_j(k) = \Lambda_j(k)\bar{c}_j / c \tag{6.14}$$

式中，c 为归一化常数，且 $c = \sum_{j=1}^{r} \Lambda_j(k)\bar{c}_j$。

步骤 4：输出交互

基于模型概率，对每个滤波器的估计结果加权合并，得到总的状态估计 $\hat{\boldsymbol{X}}(k|k)$ 和总的协方差估计 $\boldsymbol{P}(k|k)$。

总的状态估计：

$$\hat{\boldsymbol{X}}(k\mid k) = \sum_{j=1}^{r} \hat{\boldsymbol{X}}_j(k\mid k)\boldsymbol{\mu}_j(k) \tag{6.15}$$

总的协方差估计：

$$\boldsymbol{P}(k\mid k) = \sum_{j=1}^{r} \boldsymbol{\mu}_j(k)\{\boldsymbol{P}_j(k\mid k) + [\hat{\boldsymbol{X}}_j(k\mid k) - \hat{\boldsymbol{X}}(k\mid k)]\cdot[\hat{\boldsymbol{X}}_j(k\mid k) - \hat{\boldsymbol{X}}(k\mid k)]^{\mathrm{T}}\}$$

$$\tag{6.16}$$

所以，滤波器的总输出是多个滤波器估计结果的加权平均值。权重即为该时刻模型正确描述目标运动的概率，简称为模型概率。

选取滤波器的目标运动模型，可以从下面 3 个方面考虑：

（1）选择一定个数的 IMM 滤波器，包括较为精确的模型和较为粗糙的模型。IMM 滤波算法不仅描述了目标的连续运动状态，而且描述了目标的机动性。

（2）马尔可夫链状态转移概率的选取对 IMM 滤波器的性能有较大影响。马尔可夫链状态转移概率矩阵实际上相当于模型状态方程的状态转移矩阵，它将直接影响模型误差和模型概率估计的准确性。一般情况下，当马尔可夫链状态转移概率呈现一定程度的模型性时，IMM 滤波器能够更稳健地描述目标运动。

（3）IMM 滤波算法具有模块化的特性。当对目标的运动规律较为清楚时，滤波器可以选择能够比较精确地描述目标运动的模型。当无法预料目标的运动规律时，就应该选择更一般的模型，即该模型应具有较强的鲁棒性。

6.2　交互多模型 Kalman 滤波在目标跟踪中的应用

6.2.1　问题描述

假定有一雷达对平面上运动的目标进行观测。目标在 $t = 0 \sim 40\mathrm{s}$ 沿 y 轴作匀速直线运动，运动速度为-15m/s，目标的起始点为（2000m,10000m）；在 $t = 400 \sim 600\mathrm{s}$ 向 x 轴方向做 90° 的慢转弯，加速度为 $u_x = u_y = 0.075\mathrm{m/s}$，完成慢转弯后加速度将降为 0；从 $t = 610\mathrm{s}$ 开始做 90° 的快转弯，加速度为 $0.3\mathrm{m/s}^2$；在 660s 结束转弯，加速度降至 0。雷达扫描周期 $T = 2\mathrm{s}$，x 和 y 独立地进行观测，观测噪声的标准差均为 100m。试建立雷达对目标的跟踪算法，并进行仿真分析，给出仿真分析结果，画出目标的真实轨迹、目标的观测和滤波曲线。

6.2.2 交互多模型滤波器设计

对于上述问题，我们采用 3 个模型：第 1 个模型是非机动模型，假定它的系统扰动噪声方差为 0，即不考虑 W 的影响；第 2、3 个模型为机动模型，假定第 2 个模型的系统扰动噪声方差为 $Q = 0.001I_{2\times2}$，第 3 个模型的系统扰动噪声方差为 $Q = 0.0144I_{2\times2}$。控制模型转换的马尔可夫链的转移概率矩阵为

$$P = \begin{bmatrix} 0.95 & 0.025 & 0.025 \\ 0.025 & 0.95 & 0.025 \\ 0.025 & 0.025 & 0.95 \end{bmatrix}$$

在跟踪的初始阶段，首先采用常规 Kalman 滤波（非机动模型）进行跟踪，从第 20 次采样开始，采用 3 个模型的 IMM 算法。设定各模型在此时刻的概率分别为 $\mu_1 = 0.8$、$\mu_2 = 0.1$、$\mu_3 = 0.1$。

各模型参数定义如下。

$$X_1 = \begin{bmatrix} x \\ \dot{x} \\ y \\ \dot{y} \\ 0 \\ 0 \end{bmatrix}, \quad X_2 = X_3 = \begin{bmatrix} x \\ \dot{x} \\ y \\ \dot{y} \\ \ddot{x} \\ \ddot{y} \end{bmatrix}, \quad G_1 = \begin{bmatrix} T^2/2 & 0 \\ T & 0 \\ 0 & T^2/2 \\ 0 & T \\ 0 & 0 \\ 0 & 0 \end{bmatrix}, \quad G_2 = G_3 = \begin{bmatrix} T^2/4 & 0 \\ T/2 & 0 \\ 0 & T^2/4 \\ 0 & T \\ 1 & 0 \\ 0 & 1 \end{bmatrix}$$

$$\Phi_1 = \begin{bmatrix} 1 & T & 0 & 0 & 0 & 0 \\ 0 & 1 & 0 & 0 & 0 & 0 \\ 0 & 0 & 1 & T & 0 & 0 \\ 0 & 0 & 0 & 1 & 0 & 0 \\ 0 & 0 & 0 & 0 & 0 & 0 \\ 0 & 0 & 0 & 0 & 0 & 0 \end{bmatrix}, \quad \Phi_2 = \Phi_3 = \begin{bmatrix} 1 & T & 0 & 0 & T^2/2 & 0 \\ 0 & 1 & 0 & 0 & T & 0 \\ 0 & 0 & 1 & T & 0 & T^2/2 \\ 0 & 0 & 0 & 1 & 0 & T \\ 0 & 0 & 0 & 0 & 1 & 0 \\ 0 & 0 & 0 & 0 & 0 & 1 \end{bmatrix}$$

采用两点起始法（航迹起始算法之一），求得初始状态为

$$\hat{X}(2\,|\,2) = \begin{bmatrix} z_x(2) & \dfrac{z_x(2)-z_x(1)}{T} & z_y(2) & \dfrac{z_y(2)-z_y(1)}{T} & 0 & 0 \end{bmatrix}$$

$$P(2\,|\,2) = \begin{bmatrix} \sigma_x^2 & \sigma_x^2/T & 0 & 0 & 0 & 0 \\ \sigma_x^2/T & 2\sigma_x^2/T^2 & 0 & 0 & 0 & 0 \\ 0 & 0 & \sigma_y^2 & \sigma_y^2/T & 0 & 0 \\ 0 & 0 & \sigma_y^2/T & 2\sigma_y^2/T^2 & 0 & 0 \\ 0 & 0 & 0 & 0 & 0 & 0 \\ 0 & 0 & 0 & 0 & 0 & 0 \end{bmatrix}$$

定义滤波误差的均值：

$$\overline{e_x(k)} = \frac{1}{M}\sum_{i=1}^{M}[x_i(k) - \hat{x}_i(k\,|\,k)]$$

定义滤波误差的标准差：

$$\sigma_{\hat{x}} = \sqrt{\frac{1}{M}\sum_{i=1}^{M}[x_i(k) - \hat{x}_i(k\,/\,k)]^2 - \left[\overline{e_x(k)}\right]^2}$$

式中，M 为蒙特卡洛模拟次数 $k=1,2,\cdots,N$，N 为采样次数。

6.2.3　仿真分析

设定情景目标的真实轨迹、观测轨迹及一次滤波结果曲线如图 6.1 所示。采用蒙特卡洛方法仿真 50 次，得到滤波误差的均值曲线和标准差曲线分别如图 6.2、图 6.3 所示。从图 6.1 中看出，滤波曲线基本上在真实轨迹附近摆动，无论在目标非机动还是机动时，都能较好地跟上目标，达到了比较好的滤波效果。

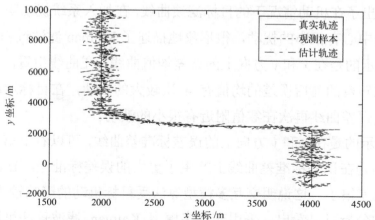

图 6.1　目标的真实轨迹、观测轨迹、估计轨迹（一次滤波曲线）

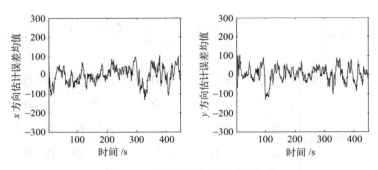

图 6.2　滤波误差的均值曲线

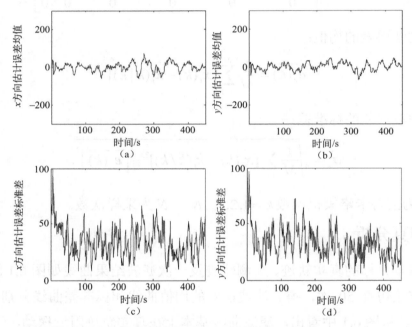

图 6.3　滤波误差的标准差曲线

图 6.1 绘出了在机动情况下的目标滤波曲线，在加入系统扰动噪声后滤波曲线以真实轨迹为中心有很小的扰动，很形象地描述了 Kalman 滤波过程。

图 6.2 表示的是在 x 和 y 方向上的误差均值曲线，在曲线中看出，由于有两次转弯，所以在转弯的前后误差的均值有 4 次较大的波动，在目标运动的轨迹变为匀速运动时，误差曲线再次在零值附近有很小的波动。

图 6.3 表示的是在 x 和 y 方向上的误差标准差曲线，可以看出第二次转弯较第一次更急，因为在误差标准差曲线上产生了更大的误差标准差。在滤波进入稳定状态后，标准差很小，这说明交互多模型算法受目标机动的影响较小。

从以上的分析可以看出，采用交互多模型 Kalman 滤波算法可以很快地跟踪机动目标，并且不会有大的偏差，只是运算量较大。

6.2.4 交互多模型 Kalman 滤波算法 MATLAB 仿真程序

```
%%%%%%%%%%%%%%%%%%%%%%%%%%%%%%%%%%%%%%%%%%%%%%%%%%%%%%%%%
%%%%%%%%%%%%%%%%%%%%%%%%%%%%%%%%%%%%%%%%
% 交互多模型 Kalman 滤波在目标跟踪中的应用
%%%%%%%%%%%%%%%%%%%%%%%%%%%%%%%%%%%%%%%%%%%%%%%%%%%%%%%%%
%%%%%%%%%%%%%%%%%%%%%%%%%%%%%%%%%%%%%%%%
function ImmKalman
clear all;
T=2;                    % 雷达扫描周期，也即采样周期
M=5;                    % 仿真（滤波）次数
N=900/T;                % 总的采样点数
N1=400/T;               % 第一转弯处采样起点
N2=600/T;               % 第一匀速处采样起点
N3=610/T;               % 第二转弯处采样起点
N4=660/T;               % 第二匀速处采样起点
Delta=100;              % 测量噪声标准差
% 对真实的轨迹和观测轨迹数据的初始化
Rx=zeros(N,1);
Ry=zeros(N,1);
Zx=zeros(N,M);
Zy=zeros(N,M);
%%%%%%%%%%%%%%%%%%%%%%%%%%%%%%%%%%%%%%%%%%%%%%%%%%%%%%%%%
%%%%%%%%%%%%%%%%%%%%%%%%%%%%%%%%%%%%%%
% 下面是产生真实轨迹，读者可以修改数据，改变目标的真实运行状态和轨迹
% 1-沿 y 轴匀速直线
t=2:T:400;
x0=2000+0*t';
y0=10000-15*t';
% 2-慢转弯
t=402:T:600;
x1=x0(N1)+0.075*((t'-400).^2)/2;
y1=y0(N1) -15*(t'-400)+0.075*((t'-400).^2)/2;
% 3-匀速
t=602:T:610;
vx=0.075*(600-400);
x2=x1(N2-N1)+vx*(t'-600);
y2=y1(N2-N1)+0*t';
% 4-快转弯
t=612:T:660;
x3=x2(N3-N2)+(vx*(t'-610) -0.3*((t'-610).^2)/2);
```

```
        y3=y2(N3-N2) -0.3*((t'-610).^2)/2;
        % 5-匀速直线
        t=662:T:900;
        vy=-0.3*(660-610);
        x4=x3(N4-N3)+0*t';
        y4=y3(N4-N3)+vy*(t'-660);
        % 最终将所有轨迹整合成为一个列向量，即真实轨迹数据，Rx 为 Real-x，Ry 为 Real-y
的简写）
        Rx=[x0;x1;x2;x3;x4];
        Ry=[y0;y1;y2;y3;y4];
        % 对每次蒙特卡洛仿真的滤波估计位置的初始化
        Mt_Est_Px=zeros(M,N);
        Mt_Est_Py=zeros(M,N);
        % 产生观测数据,要仿真 M 次，必须有 M 次的观测数据
        nx=randn(N,M)*Delta;        % 产生观测噪声
        ny=randn(N,M)*Delta;
        Zx=Rx*ones(1,M)+nx;         % 真实值的基础上叠加噪声，即构成计算机模拟的观测值
        Zy=Ry*ones(1,M)+ny;
        %%%%%%%%%%%%%%%%%%%%%%%%%%%%%%%%%%%%%%%%%%%%%%%%%%%%%%%
%%%%%%%%%%%%%%%%%%%%%%%%%%%%%%%%%%%%%%%
        for m=1:M
            % 滤波初始化
            Mt_Est_Px(m,1)=Zx(1,m);   % 初始数据
            Mt_Est_Py(m,1)=Zx(2,m);
            xn(1)=Zx(1,m);             % 滤波初值
            xn(2)=Zx(2,m);
            yn(1)=Zy(1,m);
            yn(2)=Zy(2,m);
            % 非机动模型参数
            phi=[1,T,0,0;0,1,0,0;0,0,1,T;0,0,0,1];
            h=[1,0,0,0;0,0,1,0];
            g=[T/2,0;1,0;0,T/2;0,1];
            q=[Delta^2,0;0,Delta^2];
            vx=(Zx(2) -Zx(1,m))/2;
            vy=(Zy(2) -Zy(1,m))/2;
            % 初始状态估计
            x_est=[Zx(2,m);vx;Zy(2,m);vy];
            p_est=[Delta^2,Delta^2/T,0,0;Delta^2/T,2*Delta^2/(T^2),0,0;
                0,0,Delta^2,Delta^2/T;0,0,Delta^2/T,2*Delta^2/(T^2)];
            Mt_Est_Px(m,2)=x_est(1);
            Mt_Est_Py(m,2)=x_est(3);
            % 滤波开始
            for r=3:N
```

```
                z=[Zx(r,m);Zy(r,m)];
                if r<20
                    x_pre=phi*x_est;                % 预测
                    p_pre=phi*p_est*phi';           % 预测误差协方差
                    k=p_pre*h'*inv(h*p_pre*h'+q);   % Kalman 增益
                    x_est=x_pre+k*(z-h*x_pre);      % 滤波
                    p_est=(eye(4) -k*h)*p_pre;      % 滤波协方差

                    xn(r)=x_est(1);                 % 记录采样点滤波数据
                    yn(r)=x_est(3);
                    Mt_Est_Px(m,r)=x_est(1);        % 记录第 m 次仿真滤波估计数据
                    Mt_Est_Py(m,r)=x_est(3);
                else
                    if r==20
                        X_est=[x_est;0;0];          % 扩维
                        P_est=p_est;
                        P_est(6,6)=0;
                        for i=1:3
                            Xn_est{i,1}=X_est;
                            Pn_est{i,1}=P_est;
                        end
                        u=[0.8,0.1,0.1];            % 模型概率初始化
                    end
                    % 调用 IMM 算法
                    [X_est,P_est,Xn_est,Pn_est,u]=IMM(Xn_est,Pn_est,T,z,Delta,u);
                    xn(r)=X_est(1);
                    yn(r)=X_est(3);
                    Mt_Est_Px(m,r)=X_est(1);
                    Mt_Est_Py(m,r)=X_est(3);
                end
            end                                     % 结束一次滤波
    end
%%%%%%%%%%%%%%%%%%%%%%%%%%%%%%%%%%%%%%%%%%%%%%%%%%%%%%
%%%%%%%%%%%%%%%%%%%%%%%%%%%%%%%%%%
% 滤波结果的数据分析
err_x=zeros(N,1);
err_y=zeros(N,1);
delta_x=zeros(N,1);
delta_y=zeros(N,1);
% 计算滤波的误差均值及标准差
for r=1:N
    % 估计误差均值，请对照书中的公式理解
    ex=sum(Rx(r) -Mt_Est_Px(:,r));
```

```
            ey=sum(Ry(r) -Mt_Est_Py(:,r));
            err_x(r)=ex/M;
            err_y(r)=ey/M;
            eqx=sum((Rx(r) -Mt_Est_Px(:,r)).^2);
            eqy=sum((Ry(r) -Mt_Est_Py(:,r)).^2);
            % 估计误差标准差，请对照书中的公式理解
            delta_x(r)=sqrt(abs(eqx/M- (err_x(r)^2)));
            delta_y(r)=sqrt(abs(eqy/M- (err_y(r)^2)));
        end
    %%%%%%%%%%%%%%%%%%%%%%%%%%%%%%%%%%%%%%%%%%%%%%%%%%%
%%%%%%%%%%%%%%%%%%%%%%%%%%%%%%%%%%%%%%%%%%%%
    % 绘图
    % 轨迹图，(Rx,Ry）构成真实轨迹，(Zx,Zy)为观测轨迹，如果蒙特卡洛仿真次数很多，
    % 会导致观测轨迹看起来似"一团"（xn,yn）为一次滤波结果，读者可以用蒙特卡罗
    % 的均值代替
    figure(1);
    plot(Rx,Ry,'k-',Zx,Zy,'g:',xn,yn,'r-.');
    legend('真实轨迹','观测样本','估计轨迹');
    % 均值
    figure(2);
    subplot(2,1,1);
    plot(err_x);
    axis([1,N, -300,300]);
    title('x 方向估计误差均值');
    subplot(2,1,2);
    plot(err_y);
    axis([1,N, -300,300]);
    title('y 方向估计误差均值');
    % 标准差
    figure(3);
    subplot(2,1,1);
    plot(delta_x);
    title('x 方向估计误差标准差');
    subplot(2,1,2);
    plot(delta_y);
    title('y 方向估计误差标准差');
    %%%%%%%%%%%%%%%%%%%%%%%%%%%%%%%%%%%%%%%%%%%%%%%%%%%%
%%%%%%%%%%%%%%%%%%%%%%%%%%%%%%%%%%%
    % 子函数 IMM algorithm
    % X_est,P_est 返回第 m 次仿真第 r 个采样点的滤波结果
    % Xn_est,Pn_est 记录每个模型对应的第 m 次仿真第 r 个采样点的滤波结果

    % u 为模型概率
```

```
function [X_est,P_est,Xn_est,Pn_est,u]=IMM(Xn_est,Pn_est,T,Z,Delta,u)
% 控制模型转换的马尔可夫链的转移概率矩阵
P=[0.95,0.025,0.025;0.025,0.95,0.025;0.025,0.025,0.95];
% 所采用的三个模型参数，模型一为非机动，模型二、三均为机动模型（Q 不同）
% 模型一
PHI{1,1}=[1,T,0,0;0,1,0,0;0,0,1,T;0,0,0,1];
PHI{1,1}(6,6)=0;
PHI{2,1}=[1,T,0,0,T^2/2,0;0,1,0,0,T,0;0,0,1,T,0,T^2/2;
          0,0,0,1,0,T;0,0,0,0,1,0;0,0,0,0,0,1];     % 模型二
PHI{3,1}=PHI{2,1};                                    % 模型三
G{1,1}=[T/2,0;1,0;0,T/2;0,1];                         % 模型一
G{1,1}(6,2)=0;
G{2,1}=[T^2/4,0;T/2,0;0,T^2/4;0,T/2;1,0;0,1];         % 模型二
G{3,1}=G{2,1};                                        % 模型三
Q{1,1}=zeros(2);                                      % 模型一
Q{2,1}=0.001*eye(2);                                  % 模型二
Q{3,1}=0.0114*eye(2);                                 % 模型三
H=[1,0,0,0,0,0;0,0,1,0,0,0];
R=eye(2)*Delta^2;                                     % 观测噪声协方差阵
mu=zeros(3,3);                                        % 混合概率矩阵
c_mean=zeros(1,3);                                    % 归一化常数
for i=1:3
    c_mean=c_mean+P(i,:)*u(i);
end
for i=1:3
    mu(i,:)=P(i,:)*u(i)./c_mean;
end
% 输入交互
for j=1:3
    X0{j,1}=zeros(6,1);
    P0{j,1}=zeros(6);
    for i=1:3
        X0{j,1}=X0{j,1}+Xn_est{i,1}*mu(i,j);
    end
    for i=1:3
        P0{j,1}=P0{j,1}+mu(i,j)*( Pn_est{i,1}...
            +(Xn_est{i,1}-X0{j,1})*(Xn_est{i,1}-X0{j,1})');
    end
end
% 模型条件滤波
a=zeros(1,3);
for j=1:3
```

179

```matlab
        % 观测预测
        X_pre{j,1}=PHI{j,1}*X0{j,1};
        % 协方差预测
        P_pre{j,1}=PHI{j,1}*P0{j,1}*PHI{j,1}'+G{j,1}*Q{j,1}*G{j,1}';
        % 计算 Kalman 增益
        K{j,1}=P_pre{j,1}*H'*inv(H*P_pre{j,1}*H'+R);
        % 状态更新
        Xn_est{j,1}=X_pre{j,1}+K{j,1}*(Z-H*X_pre{j,1});
        % 协方差更新
        Pn_est{j,1}=(eye(6) -K{j,1}*H)*P_pre{j,1};
end
% 模型概率更新
for j=1:3
        v{j,1}=Z-H*X_pre{j,1};                    % 新息
        s{j,1}=H*P_pre{j,1}*H'+R;                 % 观测协方差矩阵
        n=length(s{j,1})/2;
        a(1,j)=1/((2*pi)^n*sqrt(det(s{j,1})))*exp(-0.5*v{j,1}'...
            *inv(s{j,1})*v{j,1});                 % 观测相对于模型 j 的似然函数
end
c=sum(a.*c_mean);                            % 归一化常数
u=a.*c_mean./c;                              % 模型概率更新
% 输出交互
Xn=zeros(6,1);
Pn=zeros(6);
for j=1:3
        Xn=Xn+Xn_est{j,1}.*u(j);
end
for j=1:3
        Pn=Pn+u(j).*(Pn_est{j,1}+(Xn_est{j,1}-Xn)*(Xn_est{j,1}-Xn)');
end
% 返回滤波结果
X_est=Xn;
P_est=Pn;
%%%%%%%%%%%%%%%%%%%%%%%%%%%%%%%%%%%%%%%%%%%%%%%%%%%%%%%%%%%%%%
%%%%%%%%%%%%%%%%%%%%%%%%%%%%%%%%%%%%%%%%%%
```

参 考 文 献

[1] 高颖，韩宏帅，武梦洁，王永庭. 机动目标的 IMM 扩展 Kalman 滤波时间配准算法[J]. 西北工业大学学报，2016,34(4):621-626.

[2] 张树春，胡广大. 跟踪机动再入飞行器的交互多模型 UnscentedKalman 滤波方法[J].自动化学报，2007(11):1220-1225.

[3]　马永杰，陈敏. 基于 Kalman 滤波预测策略的动态多目标优化算法[J]. 吉林大学学报，2021,5:1-16.

[4]　吴楠，陈磊. 高超声速滑翔再入飞行器弹道估计的自适应 Kalman 滤波[J]. 航空学报，2013,34(8):1960-1971.

[5]　王炜，杨露菁，宋胜峰. 基于新型的递归 BLUE 滤波器的 IMM 算法[J]. 系统仿真学报，2005(6):1516-1518.

[6]　吕娜，冯祖仁. 非线性交互粒子滤波算法[J]. 控制与决策，2007(4):378-383.

[7]　宋骊平，姬红兵. 多站测角的最小二乘交互多模型跟踪算法[J]. 西安电子科技大学学报，2008(2):242-247.

[8]　宋翔，李旭，张为公. 高速公路汽车追尾碰撞预警关键参数估计[J]. 哈尔滨工程大学学报，2014,35(9):1142-1148.

[9]　梁彦，程咏梅，贾宇岗，潘泉. 交互式多模型算法性能分析[J]. 控制理论与应用，2001(4):487-492.

[10]　何佳洲，吴传利，周志华，陈世福. 多假设跟踪技术综述[J]. 火力与指挥控制，2004(6):1-5+10.

[11]　林偊，吴易明，朱帆. IMM Kalman 滤波前馈补偿技术在搜索跟踪系统中的应用[J]. 控制与决策，2020,35(5):1253-1258.

[12]　张俊根，姬红兵. IMM 迭代扩展 Kalman 粒子滤波跟踪算法[J].电子与信息学报，2010,32(5):1116-1120.

[13]　雍霄驹，方洋旺，高翔，张磊，封普文. 用于多源信息中制导的 MM-LS 时间配准算法[J]. 西安电子科技大学学报，2014,41(4):166-172.

[14]　李姝怡，程婷. 基于量测转换 IMM 的多普勒雷达机动目标跟踪[J]. 电子学报，2019,47(3):538-544.

[15]　李姝怡，程婷. 基于量测转换 IMM 的多普勒雷达机动目标跟踪[J]. 电子学报，2019,47(3):538-544.

第 7 章　Kalman 滤波的 Simulink 仿真

7.1　Simulink 概述

1990 年，MathWorks 软件公司为 MATLAB 提供了新的系统模型化输入与仿真工具，并命名为 SIMULAB。该工具很快就在工程界获得了广泛的认可，使仿真软件进入了模型化图形组态阶段，但因其名字与当时比较著名的软件 SIMULA 类似，所以在 1992 年正式将该软件更名为 Simulink。

Simulink 的出现为系统仿真与设计带来福音。顾名思义，该软件有两个主要功能：Simu（仿真）和 Link（连接），即该软件可以利用鼠标在模型窗口上绘制出所需要的仿真系统模型，然后利用 Simulink 提供的功能来对系统进行仿真和分析。

Simulink 是 MATLAB 软件的扩展，是实现动态系统建模和仿真的一个软件包。它与 MATLAB 语言的主要区别是，其与用户交互的接口是基于 Windows 的模型化图形输入，使使用户可以把更多的精力投入到系统模型的构建上，而非语言的编程上。但是，要在 Simulink 上做出有个性的仿真，必须掌握一定的编程方法，尤其是一些自定义模块和 S 函数的设计与应用。

7.1.1　Simulink 启动

Simulink 的启动有两种方式：一种是启动 MATLAB 后，单击 MATLAB 主窗口的快捷按钮 █，打开 Simulink Library Browser（模块库浏览）窗口，如图 7.1 所示；另一种方式是在 MATLAB 命令窗口中输入 simulink，然后按下回车键。

另外，在 MATLAB 命令窗口中输入 simulink3，结果是在桌面上出现一个用图标形式显示的 Library: simulink3 窗口，如图 7.2 所示。这两种模块窗口界面只是不同的显示形式，用户可以根据自己喜好进行选择。一般来说，图 7.1 所示窗口直观、形象，易于初学者使用，但使用时会打开太多的子窗口。

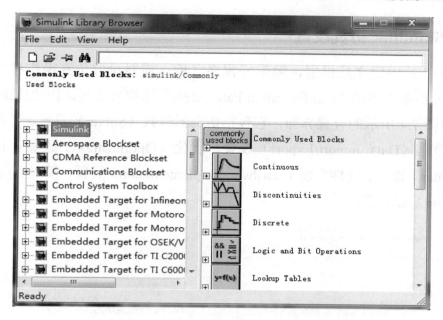

图 7.1　Simulink Library Browser 窗口

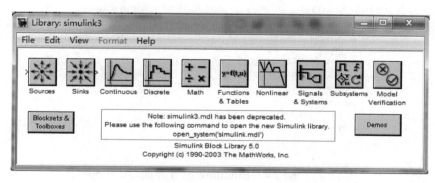

图 7.2　Library: simulink3 窗口

　　Simulink 启动后，在 Simulink Library Browser 窗口菜单中执行命令 File→New →Model，或者单击 File 菜单下第一个快捷键□，便能够新建一个未命名的仿真编辑窗口，如图 7.3 所示。

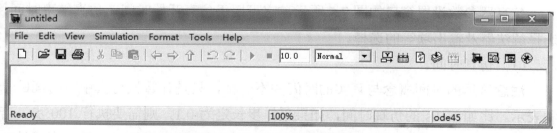

图 7.3　Simulink 仿真编辑窗口

7.1.2　Simulink 仿真设置

在图 7.3 中建立好模型，编辑好程序之后，需要设置仿真操作参数。单击 Simulation 菜单下面的"Configuration Parameters"选项或者直接按快捷键 Ctrl+E，便弹出如图 7.4 所示的设置界面，它包括仿真器参数（Solver）设置、工作空间数据导入/导出（Data Import/Export）设置、优化（Optimization）设置、诊断参数（Diagnostics）设置、硬件实现（Hardware Implementation）设置、模型引用（Model Referencing）设置等。

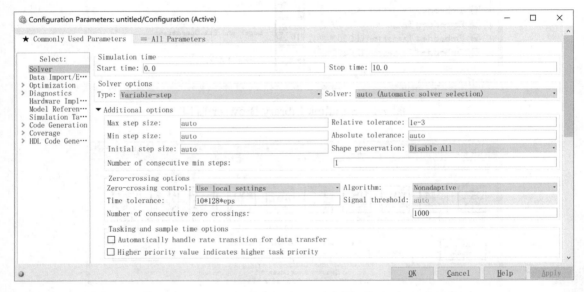

图 7.4　Simulink 设置界面

对于一般的仿真应用而言，这些设置都不需要改动，使用默认的设置便可以进行仿真。虽然设置的项很多，但常用的没有几个，下面分别介绍。

1. 仿真器参数（Solver）设置

仿真器参数设置窗口如图 7.5 所示，它可用于仿真开始时间、仿真结束时间、选择解法器及输出项等的选择。

（1）仿真时间。

注意这里的时间概念与真实的时间并不一样，只是计算机仿真中对时间的一种表示。比如，10s 的仿真时间，如果采样步长定为 0.1，则需要执行 100 步，若把步长减小，则采样点数增加，那么实际的执行时间就会增加。一般仿真开始时间设为 0，而结束时间视不同的因素而选择。总的说来，执行一次仿真要耗费的时间依赖于很多因素，包括模型的复杂程度、解法器及其步长的选择、计算机时钟的速度等。

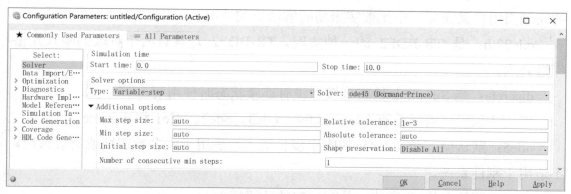

图 7.5 仿真器参数设置窗口

（2）仿真步长模式。

用户在 Type 下拉列表中指定仿真的步长选取方式，可供选择的有 Variable-step（变步长）和 Fixed-step（固定步长）方式。变步长模式可以在仿真的过程中改变步长，提供误差控制和过零检测。固定步长模式在仿真过程中提供固定的步长，不提供误差控制和过零检测。用户还可以在图 7.5 中 Solver 下拉列表中选择对应模式下仿真所采用的算法。

变步长模式解法器有 ode45、ode23、ode113、ode15s、ode23s、ode23t、ode23tb 和 discrete。

ode45：默认值，四/五阶龙格-库塔法，适用于大多数连续或离散系统，但不适用于刚性（stiff）系统。它是单步解法器，也就是，在计算 $y(t_n)$ 时，它仅需要最近处理时刻的结果 $y(t_{n-1})$。一般来说，面对一个仿真问题最好是首先试试 ode45。

ode23：二/三阶龙格-库塔法，它在误差限要求不高和求解的问题不太难的情况下，可能会比 ode45 更有效。ode23 也是一个单步解法器。

ode113：是一种阶数可变的解法器，它在误差容许要求严格的情况下通常比 ode45 有效。ode113 是一种多步解法器，也就是在计算当前时刻输出时，它需要以前多个时刻的解。

ode15s：是一种基于数字微分公式的解法器（NDFs）。ode15s 也是一种多步解法器。适用于刚性系统，当用户估计要解决的问题是比较困难的，或者不能使用 ode45，或者即使使用效果也不好，就可以用 ode15s。

ode23s：它是一种单步解法器，专门应用于刚性系统，在弱误差允许下的效果好于 ode15s。它能解决某些 ode15s 所不能有效解决的 stiff 问题。

ode23t：是梯形规则的一种自由插值实现。这种解法器适用于求解适度 stiff 的问题而用户又需要一个无数字振荡的解法器的情况。

ode23tb：是 TR-BDF2 的一种实现。TR-BDF2 是具有两个阶段的隐式龙格-库塔公式。

discrete：当 Simulink 检查到模型没有连续状态时使用它。

固定步长模式解法器有 ode5、ode4、ode3、ode2、ode1 和 discrete。

ode5：默认值，是 ode45 的固定步长版本，适用于大多数连续或离散系统，不适用于刚性系统。

ode4：四阶龙格-库塔法，具有一定的计算精度。

ode3：固定步长的二/三阶龙格-库塔法。

ode2：改进的欧拉法。

ode1：欧拉法。

discrete：是一个实现积分的固定步长解法器，它适合于离散无连续状态的系统。

（3）步长参数。

对于变步长模式，用户可以设置最大的和推荐的初始步长参数。默认情况下，步长自动地确定，它由值 auto 表示。

Maximum step size（最大步长参数）：决定了解法器能够使用的最大时间步长，默认值为"仿真时间/50"，即整个仿真过程中至少取 50 个取样点。但对于仿真时间较长的系统，这样的取法则可能造成取样点过于稀疏，而使仿真结果失真。一般建议对于仿真时间不超过 15s 的系统，采用默认值即可；对于超过 15s 的每秒至少保证 5 个采样点；对于超过 100s 的系统，每秒至少保证 3 个采样点。

Initial step size（初始步长参数）：一般建议使用"auto"默认值即可。

（4）仿真精度的定义。

Relative tolerance（相对误差）：指误差相对于状态的值，是一个百分比，默认值为 1e-3，表示状态的计算值要精确到 0.1%。

Absolute tolerance（绝对误差）：表示误差值的门限，或者是说在状态值为 0 的情况下，可以接受的误差。如果它被设成了 auto，那么 Simulink 为每一个状态设置初始绝对误差为 1e-6。

（5）Mode（固定步长模式选择，见图 7.6）。

Type：选择 Fixed-step 这种模式时，当 Simulink 检测到模块间非法的采样速率转换，会给出错误提示。所谓非法采样速率转换指两个工作在不同采样速率的模块之间的直接连接。在实时多任务系统中，如果任务之间存在非法采样速率转换，那么就有可能出现一个模块的输出在另一个模块需要时却无法利用的情况。通过检查这种转换，有助于用户建立一个符合现实的多任务系统的有效模型。使用速率转换模块可以减少模型中的非法速率转换。

新版的 Simulink 只保留了 Auto 一个选项，输入其他都回报错：在这种模式，Simulink 会根据模型中模块的采样速率是否一致，自动决定切换到 multitasking 和 singletasking。

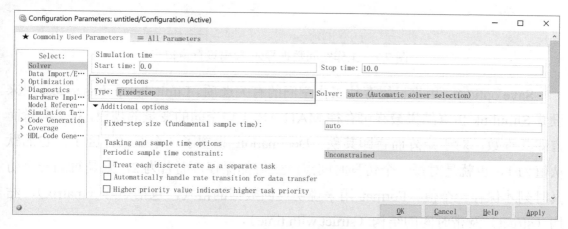

图 7.6　固定步长设置窗口

2. 工作空间数据导入/导出设置

工作空间数据导入/导出设置窗口如图 7.7 所示，它主要用于在 Simulink 与 MATLAB 工作空间交换数值的有关选项设置，包括 Load from workspace、Save to workspace 和 Save options 三个选区。

Load from workspace：可从 MATLAB 工作空间获取时间和输入变量。一般，时间变量定义为 t，输入变量定义为 u。Initial state 用来定义从 MATLAB 工作空间获得的状态初始值的变量名。

Save to workspace：用来设置存在 MATLAB 工作空间的变量类型和变量名，选中变量类型前的复选框使相应的变量有效。一般存在工作空间的变量包括输出时间向量（Time）、状态向量（States）和输出变量（Output）。Final states 用来定义将系统稳态值存往工作空间时所用的变量名。

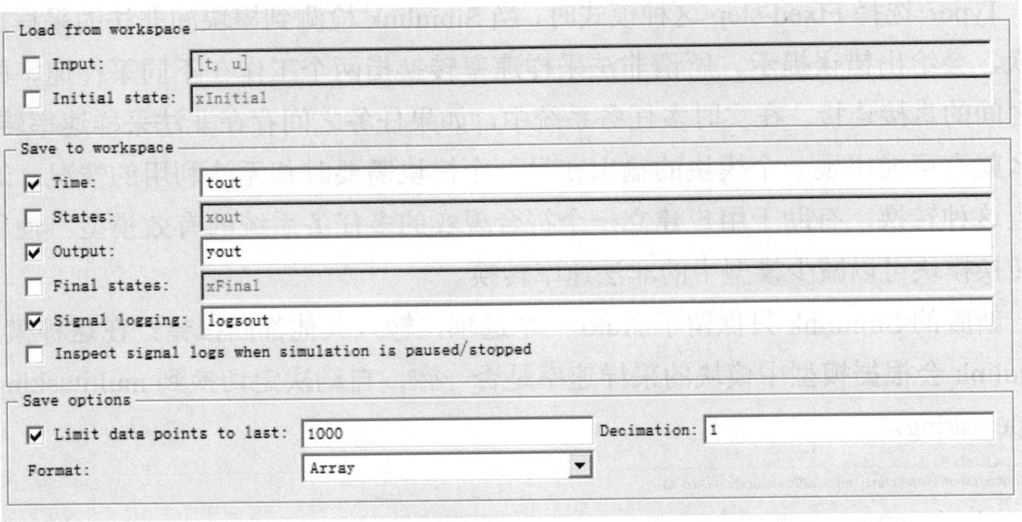

图 7.7　工作空间数据导入/导出设置窗口

Save options：用来设置存往工作空间的有关选项。Limit data points to last 用来设置 Simulink 仿真结果最终可存往 MATLAB 工作空间的变量的规模，对于向量而言即其维数，对于矩阵而言即其秩。Decimation 设置了一个亚采样因子，它的默认值为 1，也就是对每一个仿真时间点产生值都保存，而若为 2，则是每隔一个仿真时刻才保存一个值。Format 用来说明返回数据的格式，包括矩阵（matrix）、结构（struct）及带时间的结构（struct with time）。

3．诊断参数设置

诊断参数设置主要包括采样时间、数据有效性、类型转换、连接性、兼容性、保存和模型引用这几个子项的诊断。用户可以设置当 Simulink 检查到这些子项事件时应做的处理，主要包括是否进行一致性检验、是否禁止复用缓存、是否进行不同版本的 Simulink 的检验等几项。

7.1.3　Simulink 模块库简介

标准的 Simulink 模块库中包括信号源模块组（Sources）、输出池模块组（Sinks）、连续模块组（Continuous）、离散模块组（Discrete）、非线性模块组（Discontinuities）、信号路径模块组（Signal Routing）、信号属性模块组（Signal

Attributes）、数学运算模块组（Math Operations）、逻辑与位运算模块组（Logic and Bit Operations）、查表模块组（Lookup Tables）、用户自定义模块组（User-Defined Function）和端口与子系统模块组（Ports & Subsystems）等几个部分。这些模块组都是在系统建模时常用的模块。实际上，除此之外还有很多功能模块，用户也可以将自己编写的功能模块下挂到 Simulink 模块库中。本节将概括地对常用的几个模块进行介绍，在后面的建模过程中遇到相应的模块时会再作介绍。

下面简单介绍一下几组常用的模块组的主要模块功能。

1. 信号源模块组（Sources）

信号源模块组主要为系统提供各种信号源，常用的模块如图 7.8 所示。

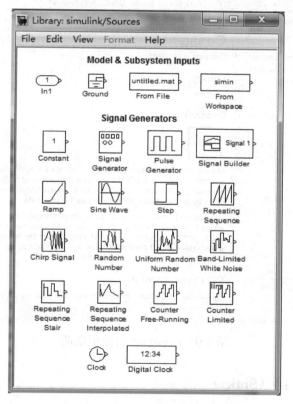

图 7.8　信号源模块

（1）Sine Wave：生成正弦波，是比较常用的信号发生源。

（2）Ramp：生成斜坡信号。

（3）Step：生成阶跃信号。

（4）Chirp Signal：生成一个频率递增的正弦波。

（5）Random Number：生成高斯分布的随机信号，是比较常用的信号发生源。

（6）Uniform Random Number：生成均匀分布的随机信号。

（7）Constant：常值输入，产生一个常量信号，比较常用。

（8）From File：从外文件中读取数据。

（9）From Workspace：从 MATLAB 工作空间中读取数据。

要了解其他模块，可以单击对应模块右键查看 help for the XXX block，在 help 中查看其中的模块说明。如图 7.9 所示就是 Constant 的使用说明介绍。

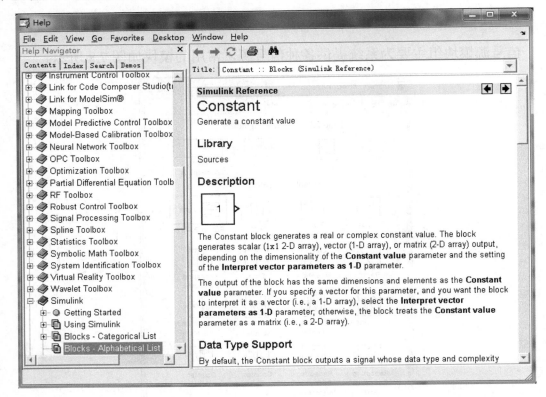

图 7.9　Constant 的使用说明

2．输出池模块组（Sinks）

输出池模块组（见图 7.10）为仿真提供输出元件，用于接收、显示、输出仿真的结果。常用的输出模块与功能如下。

（1）Scope：显示仿真周期内产生的信号，相当于一个示波器。

（2）XY Graph：使用 MATLAB 图形窗口显示输出信号的 X-Y 图。

（3）Display：显示输出值。

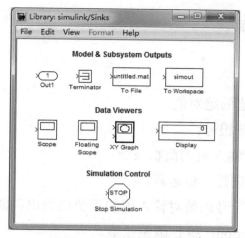

图 7.10　输出池模块组

（4）Out1：为模型或子系统提供一个输出池。

（5）Terminator：终止输出信号（为了防止一个输出没有连接到输出池时仿真出现警告的情况）。

（6）Stop Simulation：当系统输出为非 0 时停止仿真。

要了解其他模块，可以单击对应模块右键查看帮助说明。

3．数学运算模块组（Math Operations）

数学运算模块组（见图 7.11）为仿真提供数学运算功能模块，最常用的如信号做加减运算、求和运算等。常用的数学运算模块如下。

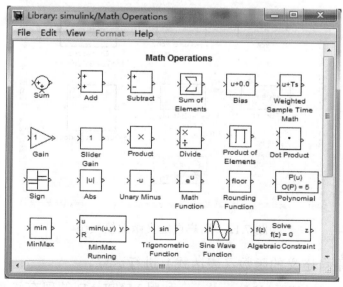

图 7.11　数学运算模块组

（1）Sum：求和运算。

（2）Add：加法。

（3）Bias：偏移。

（4）Abs：取输入值的绝对值。

（5）Sqrt：输入值开根号。

（6）Product：计算输入值的简积或商。

（7）Dot Product：进行点积运算。

（8）Sign：用一个符号函数对输入值的正负性做出判断。

（9）Rounding Function：执行圆整函数。

要了解其他数学运算模块，可以单击对应模块右键查看帮助说明。

4．用户自定义函数模块组（User-Defined Functions）

再全再丰富的模块库，也无法满足用户各种需求，因此用户自定义模块显得非常必要。用户自定义函数模块组为仿真提供各种特色模块，能设定比较复杂的功能模块，还能利用用户自己编写的功能函数。可以在模块库中找到用户自定义函数模块组，如图 7.12 所示。

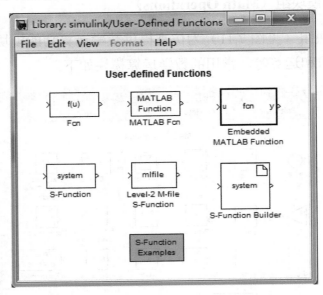

图 7.12　用户自定义函数模块组

（1）Fcn：用自定义的函数（表达式）进行运算。

（2）InterpretedMATLAB Function：利用 MATLAB 的现有函数进行运算。

（3）MATLAB Function：嵌入的 MATLAB 函数。

（4）S-Function：调用自编的 S 函数程序进行运算，在 7.2 节重点介绍。

（5）Level-2 M-file S-Function：M 文件编写的 S 函数。

（6）S-Function Builder：S 函数建立器。

上面介绍的是 Simulink 模块库中常用的模块。除此之外，Simulink 还提供了许多许多功能强大的模块集，如航天模块集、通信系统仿真模块集、数字信号处理模块集等。这些模块集在解决实际仿真问题时起到了很大的作用，用户可以根据自己的需求选择，在这就不一一介绍了。

7.2　S 函数

S 函数（S-Function）是系统函数（System Function）的简称，是一个动态系统的计算机语言描述。在 MATLAB 中，用户可以选择用 M 文件编写，也可以选择用 C 语言或者 HEX 文件编写。

7.2.1　S 函数原理

之所以会出现 S 函数，是因为在研究中经常需要复杂的算法设计，而这些算法因为其复杂性不适合用普通的 Simulink 模块来搭建，即 MATLAB 所提供的 Simulink 模块不能满足用户的需求，需要用编程的形式设计出 S 函数模块，然后将其嵌入系统中。如果恰当使用 S 函数，理论上讲可以在 Simulink 下对任意复杂的系统进行仿真。本书主要介绍目标定位跟踪算法，涉及各种滤波算法，那么必然需要使用 S 函数，将算法过程固化在 S 函数模块中，这样在 Simulink 下仿真就容易调用了。

S 函数有固定的程序格式，用 MATLAB 语言可以编写 S 函数，此外还允许用户使用 C、C++、Fortran 和 Ada 等语言进行编写。用非 MATLAB 语言进行编写时，需要采用编译器生成动态链接库 DLL 文件。在命令窗口中输入 sfundemos，或者运行命令 Simulink→User-Defined Functions→S-Function Examples，即可出现如图 7.13 所示的界面，可以选择对应的编程语言查看演示文件。

MATLAB 为了用户使用方便，有一个 S 函数的模板 sfuntmpl.m。一般来说，我们仅需要在 sfuntmpl.m 的基础上进行修改即可。在命令窗口输入 edit sfuntmpl 即可出现模板函数的内容，可以详细地观察其帮助说明以便更好地了解 S 函数的工作原理。

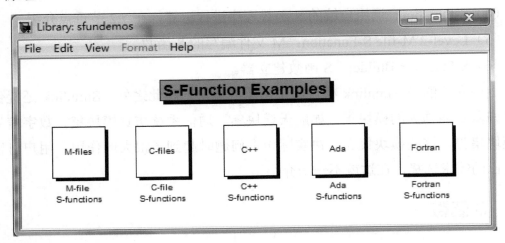

图 7.13　S 函数范例

模板函数的定义形式为

```
function [sys,x0,str,ts]=sfuntmpl(t,x,u,flag)
```

去除全部英文注释，同时将该函数加入中文注解如下：

```
%%%%%%%%%%%%%%%%%%%%%%%%%%%%%%%%%%%%%%%%%%%%%%%%%%%%%
% S 函数模板
function [sys,x0,str,ts] = sfuntmpl(t,x,u,flag)
% 输入参数：
%       t、x、u 分别对应时间、状态、输入信号
%       flag 为标志位，其取值不同，S 函数执行的任务和返回的数据也不同
% 输出参数：
%       sys 为一个通用的返回参数值，其数值根据 flag 的不同而不同
%       x0 为状态初始数值
%       str 在目前为止的 MATLAB 版本中并没有什么作用，一般 str=[]即可
%       ts 为一个两列的矩阵，包含采样时间和偏移量两个参数
switch flag
    case 0    % 系统进行初始化，调用 mdlInitializeSizes 函数
        [sys,x0,str,ts]=mdlInitializeSizes;
    case 1    % 计算连续状态变量的导数，调用 mdlDerivatives 函数
        sys=mdlDerivatives(t,x,u);
    case 2    % 更新离散状态变量，调用 mdlUpdate 函数
```

```
            sys=mdlUpdate(t,x,u);
        case 3   % 计算 S 函数的输出，调用 mdlOutputs 函数
            sys=mdlOutputs(t,x,u);
    case 4   % 计算下一仿真时刻，
            sys=mdlGetTimeOfNextVarHit(t,x,u);
        case 9   % 仿真结束，调用 mdlTerminate 函数
            sys=mdlTerminate(t,x,u);
        otherwise   % 其他未知情况处理，用户可以自定义
            error(['Unhandled flag = ',num2str(flag)]);
end
%%%%%%%%%%%%%%%%%%%%%%%%%%%%%%%%%%%%%%%%%%%%%%%%%%%%%%
% 1. 系统初始化子函数
function [sys,x0,str,ts]=mdlInitializeSizes
sizes = simsizes;
sizes.NumContStates  = 0;    % 连续状态个数
sizes.NumDiscStates  = 0;    % 离散状态的个数
sizes.NumOutputs     = 0;  % 输出数目
sizes.NumInputs      = 0;  % 输入数目
sizes.DirFeedthrough = 1;
sizes.NumSampleTimes = 1;  % 至少需要的采样时间
sys = simsizes(sizes);
x0  = [];                   % 初始条件
str = [];                   % str 总是设置为空
ts  = [0 0];                % 初始化采样时间
%%%%%%%%%%%%%%%%%%%%%%%%%%%%%%%%%%%%%%%%%%%%%%%%%%%%%%
% 2. 进行连续状态变量的更新
function sys=mdlDerivatives(t,x,u)
sys = [];
%%%%%%%%%%%%%%%%%%%%%%%%%%%%%%%%%%%%%%%%%%%%%%%%%%%%%%
% 3. 进行离散状态变量的更新
function sys=mdlUpdate(t,x,u)
sys = [];
%%%%%%%%%%%%%%%%%%%%%%%%%%%%%%%%%%%%%%%%%%%%%%%%%%%%%%
```

```
% 4．求取系统的输出信号
function sys=mdlOutputs(t,x,u)
sys = [];
%%%%%%%%%%%%%%%%%%%%%%%%%%%%%%%%%%%%%%%%%%%%%%%%%%%%%%%
% 5．计算下一仿真时刻，由 sys 返回
function sys=mdlGetTimeOfNextVarHit(t,x,u)
sampleTime = 1;       % 此处设置下一仿真时刻为 1 秒钟以后
sys = t + sampleTime;
%%%%%%%%%%%%%%%%%%%%%%%%%%%%%%%%%%%%%%%%%%%%%%%%%%%%%%%
% 6．结束仿真子函数
function sys=mdlTerminate(t,x,u)
sys = [];
%%%%%%%%%%%%%%%%%%%%%%%%%%%%%%%%%%%%%%%%%%%%%%%%%%%%%%%
```

一般来说，S 函数的定义形式为

```
function [sys,x0,str,ts]=sfunc(t,x,u,flag,P1,…,Pn)
```

其中的 sfunc 为自己定义的函数名称。输入参数 t、x、u 分别对应时间、状态、输入信号；flag 为标志位，其取值不同，S 函数执行的任务和返回的数据也是不同的；Pn 为额外的参数。输出参数 sys 为一个通用的返回参数值，其数值根据 flag 的不同而不同；x0 为状态初始数值；str 在目前为止的 MATLAB 版本中并没有什么作用，因此总是将 str 置空；ts 为一个两列的矩阵，包含采样时间和偏移量两个参数，如果设置为[0 0]，那么每个连续的采样时间步都运行，[-1 0]则表示按照所连接的模块的采样速率进行，[0.25 0.1]表示仿真开始的 0.1s 后每 0.25s 运行一次，采样时间点为 TimeHit=n*period+offset。

S 函数的使用过程中有两个概念值得注意，具体如下。

（1）DirFeedthrough：见初始化子函数，系统的输出是否直接和输入相关联，即输入是否出现在输出端的标志，若是则为 1，否则为 0。一般可以根据在 flag=3 的时候，mdlOutputs 函数是否调用输入 u 来判断是否直接馈通。

（2）dynamically sized inputs：见初始化子函数，主要给出连续状态的个数、离散状态的个数、输入数目、输出数目等。

S 函数中目前支持的 flag 选择有 0、1、2、3、4、9 等几个数值。下面说一下

在不同的 flag 情况下 S 函数的执行情况。

（1）flag=0。进行系统的初始化过程，调用 mdlInitializeSizes 函数，对参数进行初始化设置，如离散状态个数、连续状态个数、模块输入和输出的路数、模块的采样周期个数、状态变量初始数值等。

（2）flag=1。进行连续状态变量的更新，调用 mdlDerivatives 函数。

（3）flag=2。进行离散状态变量的更新，调用 mdlUpdate 函数。

（4）flag=3。求取系统的输出信号，调用 mdlOutputs 函数。

（5）flag=4。调用 mdlGetTimeOfNextVarHit 函数，计算下一仿真时刻，由 sys 返回。

（6）flag=9。终止仿真过程，调用 mdlTerminate 函数。

7.2.2 S 函数的控制流程

S 函数的调用顺序是通过 flag 标志来控制的。在仿真初始化阶段，通过设置 flag 标志为 0 来调用 S 函数，并请求提供数量，主要包括连续状态、离散状态、输入和输出的个数、初始状态、采样时间等。接下来 flag 标志设为 3，请求 S 函数计算模块的输出。然后设置 flag 标志为 2，更新离散状态。当用户还需要计算状态导数时，可设置 flag 标志为 1，由求解器使用积分算法计算状态的值。计算出状态导数和更新离散状态之后，通过设置 flag 标志为 3 来计算模块的输出，这样就结束了一个仿真周期。最后通过不断循环上述过程，到达仿真结束时间，这时设置 flag 标志为 9，结束仿真。这个过程如图 7.14 所示。

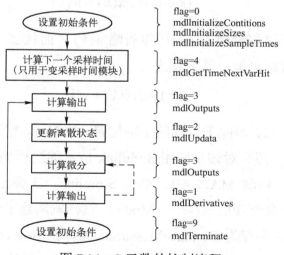

图 7.14 S 函数的控制流程

在 S 函数的编写过程中，首先需要搞清楚模块中有多少个连续和离散状态，离散模块的采样周期是多少，同时需要了解模块的连续和离散的状态方程分别是什么，输出如何表示。

7.3　线性 Kalman 的 Simulink 仿真

7.3.1　一维数据的 Kalman 滤波处理

温度、距离、信号强度、物体质量等的测量都可以看作一维数据的测量。在工程实际中，一维数据测量是最常见的，对一维数据的滤波平滑也是最常用的数据加工处理方法。本节选取雷达对远山的一维距离数据的测量为例，来说明 Simulink 下的 Kalman 滤波问题。

假设雷达要测量其与远处一座山峰的距离，雷达的位置可以认为是（0,0），而远山处于雷达的正前方，位置为（5000,0），那么两者之间的距离大约为 5000m。建立坐标系如图 7.15 所示。

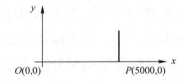

图 7.15　雷达与远山坐标示意图

由于远山是静止的，故状态方程可以写为

$$x(k+1) = Fx(k) + w(k)$$

这里的 $F=1$，而过程噪声为 0，可以省略 $w(k)$。而状态 x 表示远山的 x 坐标轴位置。而雷达对目标测量，其方程为

$$z(k) = Hx(k) + v(k)$$

这里测量值是距离，等同于目标的 x 轴位置，故 $H=1$，雷达的测量噪声 $v(k)$ 的均值为 0、方差为 5。那么对该系统用 Simulink 仿真的过程如下。

第 1 步：建模。启动 MATLAB，单击 Simulink，在弹出的 Simulink Library Browser 窗口中运行命令 File→New→Model，这样就新建了一个仿真编辑窗口，同时按 Ctrl+S 键把它保存为 DistanceMessurement。在 Sources 库中找到 Constant 模块和 Random Number 模块，在 Sinks 库中找到 Scope 模块，在 Math Operations

库中找到求和模块，在 User-Define Functions 库中找到 S-Function 模块，将它们都拖入 DistanceMessurement 窗口中，如图 7.16 所示。

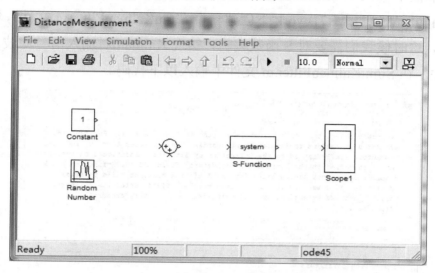

图 7.16　仿真模块

第 2 步：修改参数。双击 Constant 模块或者右键选择 Constant Parameters，在弹出的 Source Block Parameters:Constant 窗口中修改 Constant value 值设置为 5000；同样的操作将 Random Number 模块的均值设为 0，方差设为 5。双击 Scope1 模块，在弹出的窗口中单击菜单快捷工具 Parameters，设置坐标轴 Number of axes 的数值为 3。最后将所有的模块按照图 7.17 链接起来。

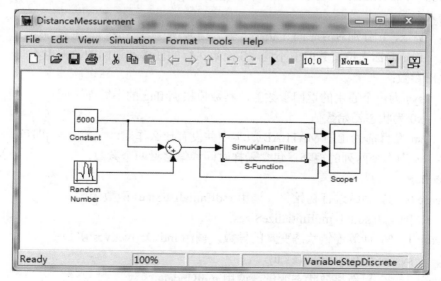

图 7.17　系统建模

第 3 步：双击 S-Function 模块，在弹出的窗口中如图 7.18 所示，在 S-Function name 文本框中输入 SimuKalmanFilter（在这之前，请在 MATLAB 的工作目录 C:\Progam Files\MATLAB71\work 下创建一个 SimuKalmanFilter.m 文件），然后单击 Edit 按钮，这时候我们需要对 S 函数编辑，实现 Kalman 对输入信号滤波。新建一个 M 文件，在 SimuKalmanFilter.m 文件中输入以下代码。

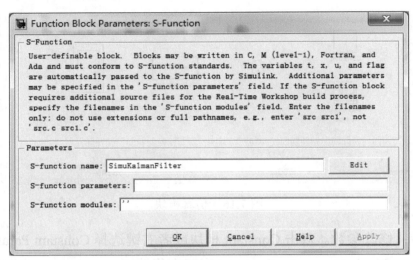

图 7.18　S 函数名称修改

```
%%%%%%%%%%%%%%%%%%%%%%%%%%%%%%%%%%%%%%%%%%%%%%%%%%%%%%%%%%%
% S 函数实现对输入信号 Kalman 滤波
function [sys,x0,str,ts] = SimuKalmanFilter(t,x,u,flag)
% 输入参数：
%       t、x、u 分别对应时间、状态、输入信号
%       flag 为标志位，其取值不同，S 函数执行的任务和返回的数据也不同
% 输出参数：
%       sys 为一个通用的返回参数值，其数值根据 flag 的不同而不同
%       x0 为状态初始数值
%       str 在目前为止的 MATLAB 版本中并没有什么作用，一般 str=[]即可
%       ts 为一个两列的矩阵，包含采样时间和偏移量两个参数
switch flag
    case 0   % 系统进行初始化，调用 mdlInitializeSizes 函数
        [sys,x0,str,ts]=mdlInitializeSizes;
    case 1   % 计算连续状态变量的导数，调用 mdlDerivatives 函数
        sys=mdlDerivatives(t,x,u);
    case 2   % 更新离散状态变量，调用 mdlUpdate 函数
        sys=mdlUpdate(t,x,u);
```

```
        case 3   % 计算 S 函数的输出，调用 mdlOutputs 函数
            sys=mdlOutputs(t,x,u);
        case 4   % 计算下一仿真时刻
            sys=mdlGetTimeOfNextVarHit(t,x,u);
        case 9   % 仿真结束，调用 mdlTerminate 函数
            sys=mdlTerminate(t,x,u);
        otherwise   % 其他未知情况处理，用户可以自定义
            error(['Unhandled flag = ',num2str(flag)]);
end
%%%%%%%%%%%%%%%%%%%%%%%%%%%%%%%%%%%%%%%%%%%%%%%%%%%%
% 1. 系统初始化子函数
function [sys,x0,str,ts]=mdlInitializeSizes
sizes = simsizes;
sizes.NumContStates  = 0;
sizes.NumDiscStates  = 1;
sizes.NumOutputs     = 1;
sizes.NumInputs      = 1;
sizes.DirFeedthrough = 1;
sizes.NumSampleTimes = 1;    % 至少需要的采样时间
sys = simsizes(sizes);
x0   = 5000+sqrt(5)*randn;               % 初始条件
str = [];                % str 总是设置为空
ts   = [-1 0];   % 表示该模块采样时间继承其前的模块采样时间设置
global P;     % 定义协方差 P
P=5;
%%%%%%%%%%%%%%%%%%%%%%%%%%%%%%%%%%%%%%%%%%%%%%%%%%%%
% 2. 进行连续状态变量的更新
function sys=mdlDerivatives(t,x,u)
sys = [];
%%%%%%%%%%%%%%%%%%%%%%%%%%%%%%%%%%%%%%%%%%%%%%%%%%%%
% 3. 进行离散状态变量的更新
function sys=mdlUpdate(t,x,u)
global P;
F=1;   % 系统的状态方程和观测方程系数矩阵
B=0;
H=1;   % 系统的状态方程和观测方程系数矩阵
Q=0;   % 过程噪声和测量噪声方差
R=5;
xpre=F*x+B*u; % 状态预测
```

```
Ppre=F*P*F'+Q;% 协方差预测
K=Ppre*H'*inv(H*Ppre*H'+R);% 计算 Kalman 增益
e=u-H*xpre;    % u 是输入的观测值，在此计算新息
xnew=xpre+K*e; % 状态更新
P=(eye(1)-K*H)*Ppre; % 协方差更新
% 将计算的结果返回给主函数
sys=xnew;
%%%%%%%%%%%%%%%%%%%%%%%%%%%%%%%%%%%%%%%%%%%%%%%%%%%%%%%%%%
% 4．求取系统的输出信号
function sys=mdlOutputs(t,x,u)
sys = x;    % 把算得的模块输出向量赋给 sys
%%%%%%%%%%%%%%%%%%%%%%%%%%%%%%%%%%%%%%%%%%%%%%%%%%%%%%%%%%
% 5．计算下一仿真时刻，由 sys 返回
function sys=mdlGetTimeOfNextVarHit(t,x,u)
sampleTime = 1;    % 此处设置下一仿真时刻为 1s 以后
sys = t + sampleTime;
%%%%%%%%%%%%%%%%%%%%%%%%%%%%%%%%%%%%%%%%%%%%%%%%%%%%%%%%%%
% 6．结束仿真子函数
function sys=mdlTerminate(t,x,u)
sys = [];
%%%%%%%%%%%%%%%%%%%%%%%%%%%%%%%%%%%%%%%%%%%%%%%%%%%%%%%%%%
```

运行仿真模型得到图 7.19 所示结果。图 7.20 是 Scope 模块 y 轴范围统一后的结果。

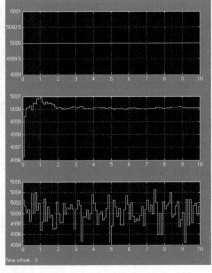

图 7.19　Scope 模块曲线展示

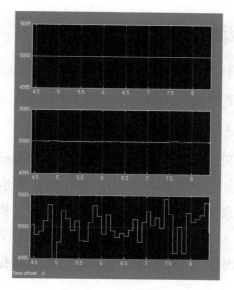

图 7.20　Scope 模块 y 轴范围统一后的结果

注意：Scope 模块在仿真结束时，曲线有时无法正常显示在面板中间，这时可以单击 Scope 工具栏的 Autoscale 🔍 快捷工具，这时曲线会移到合适的视图。为了对比曲线效果，将 y 轴范围统一，在 Scope 中图形显示区域单击右键→Axes properties，在弹出的对话框中输入 y 轴的最大值和最小值，如图 7.21 所示，将其他两个曲线坐标轴执行同样的操作，则能得到图 7.20 所示的效果。

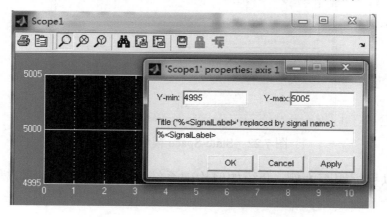

图 7.21　统一坐标 y 的参数修改

从图 7.20 中可以看出，雷达与远山的真实距离为 5000m，但是实际测量值因为受到仪器的测量误差的影响，表现了很大的波动。经过 Kalman 滤波后，数据又变得平滑且最终稳定收敛在 5000m。可见 Kalman 滤波是有效的，它大大降低了测量噪声的扰动。

7.3.2 状态方程和观测方程的 Simulink 建模

状态空间模型是控制系统最新与最科学的描述方法。在电路分析、电机控制、目标跟踪等一切与时间序列相关的模型中，在 MATLAB 下都可以通过构建系统的状态方程和观测方程并进行仿真。

在 Simulink 下，也可以通过 Continuous 库或者 Discrete 库中的 State-Space 模块来构建线性系统的状态方程和观测方程，如图 7.22 所示，通过设置 A、B、C、D 四个矩阵，便可以方便地表达任何线性系统的模型。但是，很多非线性系统并不能确切提出系数矩阵 A、B、C、D，那么这时笔者建议用 S 函数来完成状态方程和观测方程的建模。因为 S 函数是自定义的，可以根据需要，表示任何形式的状态空间。

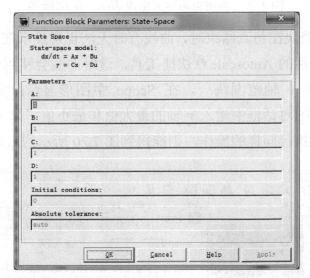

图 7.22　State-Space 模块的参数

下面，以目标跟踪为例，介绍如何构建系统的状态方程和观测方程的 Simulink 模型。

假定一个目标做匀速直线运动，状态方程为

$$X(k+1) = F * X(k) + G * w(k) \tag{7.1}$$

式中，目标的状态为 $X(k) = [x(k), \dot{x}(k), y(k), \dot{y}(k)]^T$，初始时刻的值为 $X(0) = [10, 5, 12, 5]^T$，目标的过程噪声 $w(k)$ 的方差为 $Q = \mathrm{diag}([0.01, 0.09])$，即水平

和垂直方向的速度噪声方差分别为 0.01 和 0.09。假如采样时间为 1s，则 $\boldsymbol{F}$ 和 $\boldsymbol{G}$ 分别为

$$
\boldsymbol{F} = \begin{bmatrix} 1 & \Delta t & 0 & 0 \\ 0 & 1 & 0 & 0 \\ 0 & 0 & 1 & \Delta t \\ 0 & 0 & 0 & 1 \end{bmatrix} = \begin{bmatrix} 1 & 1 & 0 & 0 \\ 0 & 1 & 0 & 0 \\ 0 & 0 & 1 & 1 \\ 0 & 0 & 0 & 1 \end{bmatrix},
$$

$$
\boldsymbol{G} = \begin{bmatrix} 0.5\Delta t^2 & 0 \\ \Delta t & 0 \\ 0 & 0.5\Delta t^2 \\ 0 & \Delta t \end{bmatrix} = \begin{bmatrix} 0.5 & 0 \\ 1 & 0 \\ 0 & 0.5 \\ 0 & 1 \end{bmatrix}
$$

按照图 7.23，分别在 Simulink 仿真编辑窗口中拖入 Sources 库中的 2 个 Random Number 模块，Signal Routing 库中的 Mux 和 Demux 模块各 1 个，Sinks 库中的 3 个 Floating Scope 模块和 1 个 XY Graph 模块，User-Defined Functions 库中的 1 个 S-Function 模块，将它们连接起来。

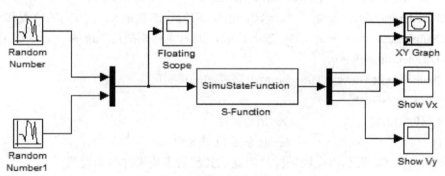

图 7.23　S 系统状态方程模型

设置两个 Randon Number 模块的均值为 0，方差分别为 0.01 和 0.09，Initial seed 的值设为不一样即可。本例中将它们分别设置为 0 和 3，Sample time 都设置为 1，双击 S 函数模块，将 S-Function name 改成 SimuStateFunction，接下来编写 M 文件 SimuStateFunction.m。打开 M 文件编辑器，输入以下代码。

```
%%%%%%%%%%%%%%%%%%%%%%%%%%%%%%%%%%%%%%%%%%%%%%%%%%%%%%%%%
% 功能说明：S 函数仿真系统的状态方程 X(k+1)=F*x(k)+G*w(k)
function [sys,x0,str,ts]=SimuStateFunction(t,x,u,flag)
%%%%%%%%%%%%%%%%%%%%%%%%%%%%%%%%%%%%%%%%%%%%%%%%%%%%%%%%%
switch flag
```

```
        case 0    % 系统进行初始化，调用 mdlInitializeSizes 函数
            [sys,x0,str,ts]=mdlInitializeSizes;
        case 2    % 更新离散状态变量，调用 mdlUpdate 函数
            sys=mdlUpdate(t,x,u);
        case 3    % 计算 S 函数的输出，调用 mdlOutputs 函数
            sys=mdlOutputs(t,x,u);
        case {1,4,9}
            sys=[];
        otherwise    % 其他未知情况处理，用户可以自定义
            error(['Unhandled flag = ',num2str(flag)]);
end
%%%%%%%%%%%%%%%%%%%%%%%%%%%%%%%%%%%%%%%%%%%%%%%%%%%%%%%%%%
% 1．系统初始化子函数
function [sys,x0,str,ts]=mdlInitializeSizes
sizes = simsizes;
sizes.NumContStates   = 0;     % 无连续量
sizes.NumDiscStates   = 4;     % 离散状态四维
sizes.NumOutputs      = 4;     % 输出四维，因为状态量是 x、y 方向的位置和速度
sizes.NumInputs       = 2;     % 输入维数，因为噪声模型是二维的
sizes.DirFeedthrough = 0;
sizes.NumSampleTimes = 1;      % 至少需要的采样时间
sys = simsizes(sizes);
x0    = [10,5,12,5]';                % 初始状态
str = [];                            % str 总是设置为空
ts   = [-1 0];    % 表示该模块采样时间继承其前的模块采样时间设置
%%%%%%%%%%%%%%%%%%%%%%%%%%%%%%%%%%%%%%%%%%%%%%%%%%%%%%%%%%
% 2．进行离散状态变量的更新
function sys=mdlUpdate(t,x,u)
G=[0.5,0;1,0;0,0.5;0,1];     % 过程噪声驱动矩阵
F=[1,1,0,0;0,1,0,0;0,0,1,1;0,0,0,1];  % 状态转移矩阵
sys =F*x+G*u;     % 状态更新
%%%%%%%%%%%%%%%%%%%%%%%%%%%%%%%%%%%%%%%%%%%%%%%%%%%%%%%%%
% 3．求取系统的输出信号
function sys=mdlOutputs(t,x,u)
sys = x;    % 把算得的模块输出向量赋给 sys
%%%%%%%%%%%%%%%%%%%%%%%%%%%%%%%%%%%%%%%%%%%%%%%%%%%%%%%%%%
```

保存程序文件，将 Simulation stop time 改成 100，运行仿真模型，得到目标

过程噪声如图 7.24 所示，运行轨迹图如 7.25 所示，x 方向和 y 方向的速度分别如图 7.26 和图 7.27 所示。

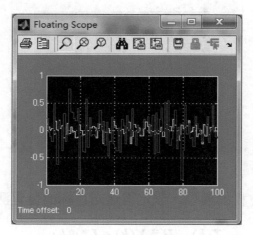

图 7.24　过程噪声模型

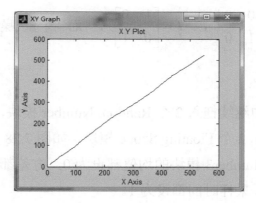

图 7.25　目标运行轨迹

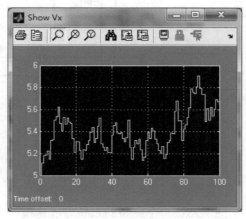

图 7.26　x 方向的速度

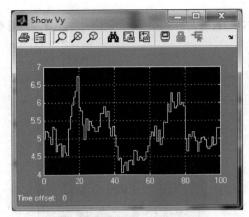

图 7.27　y 方向的速度

接下来构建观测方程的模型，假定雷达对目标的位置测量，观测方程为

$$Z(k) = H * X(k) + I * v(k) \tag{7.2}$$

式中，$H = \begin{bmatrix} 1 & 0 & 0 & 0 \\ 0 & 0 & 1 & 0 \end{bmatrix}$，$I = \begin{bmatrix} 1 & 0 \\ 0 & 1 \end{bmatrix}$，而测量噪声 $v(k)$ 的方差为

$R = \mathrm{diag}\,([0.04, 0.04])$。

在仿真编辑窗口中继续拖入 2 个 Random Number 模块，从 Math Operations 库中拖入 2 个 Sum 模块，2 个 Floating Scope 模块，如图 7.28 所示。同理将 Random Number2 和 Random Number3 模块的均值都设为 0，方差都设为 0.04，Initial seed 设置为不同的值即可，采样时间都设为 1。

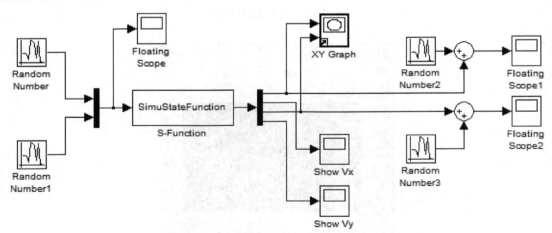

图 7.28　一个完整的系统方程建模

运行仿真，可以得到 x 方向和 y 方向的位置，如图 7.29 和图 7.30 所示。

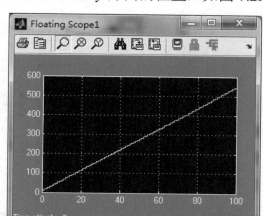

图 7.29　x 方向的位置

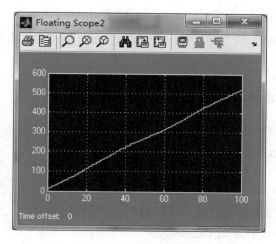

图 7.30　y 方向的位置

至此，一个完整系统模型在 Simulink 环境下的建模已经完成。在这里的观测方程是线性的，如果要做非线性的观测方程，同样可以利用 S 函数完成建模。读者可以自己尝试。

7.3.3　基于 S 函数的 Kalman 滤波器设计

假定系统的数学模型如式（7.1）和式（7.2）及图 7.31 所示，构建目标跟踪系统。这里需要 4 个 Random Number 模块、2 个 Mux 模块、2 个 Demux 模块、2 个求和 Sum 模块、7 个 Scope 模块、2 个 XY Graph 模块、2 个 S-Function 模块，将它们链接起来。其中，Random Number 和 Random Number1 的方差分别为 0.0001

和 0.0009，均值都为 0，采样时间都为 1；Random Number2 和 Random Number3 的方差都设置为 0.04，均值都为 0，采样时间都为 1。

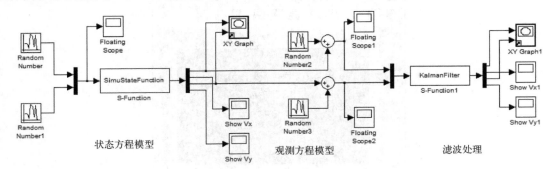

图 7.31　基于 Kalman 滤波的目标跟踪的整体模型

最后重点是构建两个自定义模块，双击 S-Function 和 S-Function1 分别将它们 S-Function name 设置为 SimuStateFunction 和 KalmanFilter。

在 MATLAB 中编辑 M 文件 SimuStateFunction.m 和 KalmanFilter.m，分别如下所示。

1．SimuStateFunction.m 文件

```
% 功能说明：S 函数仿真系统的状态方程 X(k+1)=F*x(k)+G*w(k)
function [sys,x0,str,ts]=SimuStateFunction(t,x,u,flag)
global Xstate;
switch flag
    case 0   % 系统进行初始化，调用 mdlInitializeSizes 函数
        [sys,x0,str,ts]=mdlInitializeSizes;
    case 2   % 更新离散状态变量，调用 mdlUpdate 函数
        sys=mdlUpdate(t,x,u);
    case 3   % 计算 S 函数的输出，调用 mdlOutputs 函数
        sys=mdlOutputs(t,x,u);
    case {1,4}
        sys=[];
    case 9   % 仿真结束，保存状态值
        save('Xstate','Xstate');
    otherwise   % 其他未知情况处理，用户可以自定义
        error(['Unhandled flag = ',num2str(flag)]);
end
%%%%%%%%%%%%%%%%%%%%%%%%%%%%%%%%%%%%%%%%%%%%%%%%%%%%%%%%%%
```

```
% 1．系统初始化子函数
function [sys,x0,str,ts]=mdlInitializeSizes
sizes = simsizes;
sizes.NumContStates    = 0;      % 无连续量
sizes.NumDiscStates    = 4;      % 离散状态四维
sizes.NumOutputs       = 4;      % 输出四维
sizes.NumInputs        = 2;      % 输入维数，因为噪声模型是二维的
sizes.DirFeedthrough = 0;
sizes.NumSampleTimes = 1;        % 至少需要的采样时间
sys = simsizes(sizes);
x0    = [10,5,12,5]';              % 初始条件
str = [];                        % str 总是设置为空
ts  = [-1 0];   % 表示该模块采样时间继承其前的模块采样时间设置
global Xstate;
Xstate=[];
Xstate=[Xstate,x0];
%%%%%%%%%%%%%%%%%%%%%%%%%%%%%%%%%%%%%%%%%%%%%%%%%%%%%%%%%%%%
% 2．进行离散状态变量的更新
function sys=mdlUpdate(t,x,u)
G=[0.5,0;1,0;0,0.5;0,1];
F=[1,1,0,0;0,1,0,0;0,0,1,1;0,0,0,1];
x_next=F*x+G*u;
sys=x_next;
global Xstate;
Xstate=[Xstate,x_next];
%%%%%%%%%%%%%%%%%%%%%%%%%%%%%%%%%%%%%%%%%%%%%%%%%%%%%%%%%%%%
% 3．求取系统的输出信号
function sys=mdlOutputs(t,x,u)
sys = x;   % 把算得的模块输出向量赋给 sys
%%%%%%%%%%%%%%%%%%%%%%%%%%%%%%%%%%%%%%%%%%%%%%%%%%%%%%%%%%%%
```

2. KalmanFilter.m 文件

```
% 功能说明：S 函数仿真系统的状态方程 X(k+1)=F*x(k)+G*w(k)
function [sys,x0,str,ts]=KalmanFilter(t,x,u,flag)
global Xkf;
global Z;
```

```matlab
switch flag
    case 0    % 系统进行初始化，调用 mdlInitializeSizes 函数
        [sys,x0,str,ts]=mdlInitializeSizes;
    case 2    % 更新离散状态变量，调用 mdlUpdate 函数
        sys=mdlUpdate(t,x,u);
case 3    % 计算 S 函数的输出，调用 mdlOutputs
        sys=mdlOutputs(t,x,u);
    case {1,4}
        sys=[];
    case 9
        save('Zobserv','Z');
        save('Xkalman','Xkf');
    otherwise    % 其他未知情况处理，用户可以自定义
        error(['Unhandled flag = ',num2str(flag)]);
end
%%%%%%%%%%%%%%%%%%%%%%%%%%%%%%%%%%%%%%%%%%%%%%%%%%%%%%%
% 1．系统初始化子函数
function [sys,x0,str,ts]=mdlInitializeSizes
global P;
global Xkf;
global Z;      %
P=0.1*eye(4);
sizes = simsizes;
sizes.NumContStates   = 0;        % 无连续量
sizes.NumDiscStates   = 4;        % 离散状态四维
sizes.NumOutputs       = 4;        % 输出四维，因为状态量是 x、y 方向的位置和速度
sizes.NumInputs        = 2;        % 输入维数，因为噪声模型是二维的
sizes.DirFeedthrough = 0;
sizes.NumSampleTimes = 1;        % 至少需要的采样时间
sys = simsizes(sizes);
x0   = [10,5,12,5]';              % 初始条件
str = [];                        % str 总是设置为空
ts   = [-1 0];  % 表示该模块采样时间继承其前的模块采样时间设置
Xkf=[];
Z=[];
%%%%%%%%%%%%%%%%%%%%%%%%%%%%%%%%%%%%%%%%%%%%%%%%%%%%%%%
% 2．进行离散状态变量的更新
function sys=mdlUpdate(t,x,u)
global P;
```

```
global Xkf;
global Z;
F=[1,1,0,0;0,1,0,0;0,0,1,1;0,0,0,1]; % 状态转移矩阵
G=[0.5,0;1,0;0,0.5;0,1];                % 过程噪声驱动矩阵
H=[1,0,0,0;0,0,1,0];                    % 观测矩阵
Q=diag([0.0001,0.0009]);                % 过程噪声方差
R=diag([0.04,0.04]);                    % 测量噪声方差
% Kalman 滤波
Xpre=F*x;      % 状态预测
Ppre=F*P*F'+G*Q*G';% 协方差更新
K=Ppre*H'*inv(H*Ppre*H'+R); % 计算 Kalman 增益
e=u-H*Xpre; % 计算新息
Xnew=Xpre+K*e; % 状态更新
P=(eye(4)-K*H)*Ppre; % 协方差更新
sys=Xnew;      % 将计算的结果返回给主函数
% 保存观测值和滤波结果
Z=[Z,u];
Xkf=[Xkf,Xnew];
%%%%%%%%%%%%%%%%%%%%%%%%%%%%%%%%%%%%%%%%%%%%%%%%%%%%%%%%%%
% 3．求取系统的输出信号
function sys=mdlOutputs(t,x,u)
sys = x;   % 把算得的模块输出向量赋给 sys
%%%%%%%%%%%%%%%%%%%%%%%%%%%%%%%%%%%%%%%%%%%%%%%%%%%%%%%%%%
```

运行仿真模型，得到真实轨迹即模型中 XY Graph 展示的图形如图 7.32 所示。而 Kalman 滤波的估计轨迹在 XY Graph1 模块中显示，如图 7.33 所示。Scope 模块中显示真实速度和估计速度，如图 7.34 和图 7.35 所示。

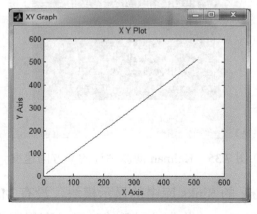

图 7.32　真实轨迹

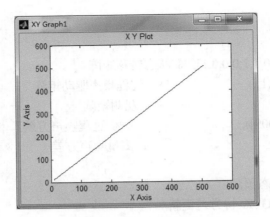

图 7.33　Kalman 滤波估计轨迹

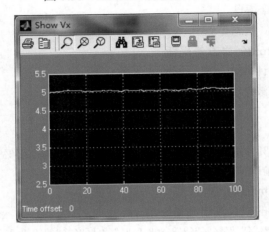

图 7.34　x 方向真实速度

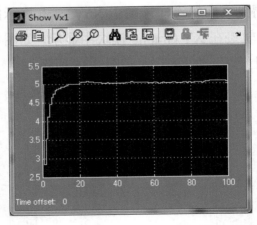

图 7.35　Kalman 滤波估计的 y 方向速度

　　笔者认为，Simulink 的 Sinks 库中的显示模块，没有 MATLAB 中的 plot 函数使用灵活，Scope 和 XY Graph 做曲线展示的时候具有局限性。因此在做误差分析时，本例中将目标运动的真实状态保存在 Xstate.mat 中，观测数据保存在 Zobserv.mat 中，Kalman 滤波的状态结果保存在 Xkalman.mat 中，这时候再通过编写误差分析函数 DeviationAnalysis.m 文件，对仿真数据做进一步的分析和处理。

```
%%%%%%%%%%%%%%%%%%%%%%%%%%%%%%%%%%%%%%%%%%%%%%%%%%%%%%%
%  跟踪偏差分析
function DeviationAnalysis
load Xstate;load Xkalman;load Zobserv;
Xstate     % 在命令窗口查看真实状态值
Xkf        % 在命令窗口查看 Kalman 滤波结果
Z          % 在命令窗口查看观测结果
% 计算误差
T1=length(Xstate(1,:))    % 虽然仿真时间设 100，但是 Xstate 的列数却为 102
T2=length(Z(1,:))            % 虽然仿真时间设 100，但是 Z 的列数却为 101
T=min(T1,T2)
Div_Observ_Real=zeros(1,T);
Div_Kalman_Real=zeros(1,T);
for i=2:T
    Div_Observ_Real(i)=sqrt( (Z(1,i)-Xstate(1,i))^2+(Z(2,i)-Xstate(3,i))^2 );
    Div_Kalman_Real(i)=sqrt( (Xkf(1,i)-Xstate(1,i))^2+(Xkf(3,i)-Xstate(3,i))^2 );
end
%%%%%%%%%%%%%%%%%%%%%%%%%%%%%%%%%%%%%%%%%%%%%%%%%%%%%%%
%  画轨迹图
figure
hold on;box on;
plot(Xstate(1,:),Xstate(3,:),'-r.');
plot(Xkf(1,:),Xkf(3,:),'-k+');
plot(Z(1,:),Z(2,:),'-k*');
%  偏差图
figure
hold on;box on;
plot(Div_Observ_Real,'-ko','MarkerFace','g');
plot(Div_Kalman_Real,'-ks','MarkerFace','b');
legend('Observ','Kalman');
```

运行数据分析程序，得到目标的轨迹图 7.36 和位置偏差图 7.37。从程序结果图可以看出，观测值和 Kalman 滤波结果值都比较好地逼近了目标运动的真实位置值，但是从图 7.37 中可以看出，与直接观测的位置偏差相比，Kalman 滤波后的位置偏差较小。

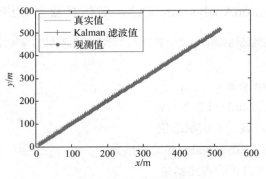

图 7.36　轨迹对比图

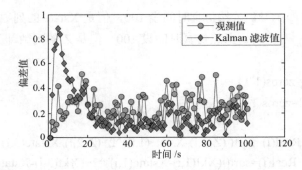

图 7.37　位置偏差图

注意本例中共有 7 个文件，如图 7.38 所示，分别是 DeviationAnalysis.m、KalmanFilter.m、SimuStateFunction.m、System_TargetTracking_KF_Simulation.mdl、Xkalman.mat、Xstate.mat、Zobserv.mat。其中，KalmanFilter.m 和 SimuStateFunction.m 是不能独立运行的，而.mat 文件是运行 System_TargetTracking_KF_Simulation.mdl 模块产生的。

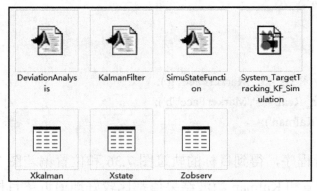

图 7.38　本例所有文件

7.4　非线性 Kalman 滤波

7.4.1　基于 Simulink 的扩展 Kalman 滤波器设计

假定一个通用的任意非线性系统，它的状态包含二维变量，即 $X(k) = \begin{bmatrix} x_1(k) & x_2(k) \end{bmatrix}^T$，状态方程如下。

$$\begin{cases} x_1(k) = x_1(k-1) + 1 + w_1(k) \\ x_2(k) = x_2(k-1) + \sin(0.1 * x_1(k-1)) + w_2(k) \end{cases} \tag{7.3}$$

观测方程为

$$Z(k) = \sqrt{x_1^2(k) + x_2^2(k)} + v(k) \tag{7.4}$$

式中，过程噪声 $w_1(k)$ 和 $w_2(k)$ 的均值都为 0，方差分别为 $Q_1 = 0.01$ 和 $Q_2 = 0.04$。测量噪声 $v(k)$ 的均值为 0，方差为 $R=1$。初始状态为 $X(0) = \begin{bmatrix} 0 & 0 \end{bmatrix}^T$。

式（7.3）和式（7.4）构成的系统是典型的状态方程和观测方程都为非线性的系统。

在 Simulink 环境下构建的扩展 Kalman 滤波器仿真模型如图 7.39 所示。

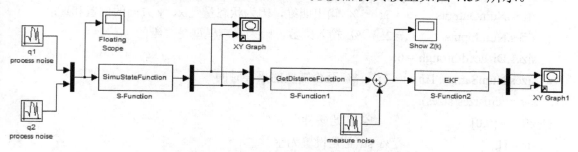

图 7.39　扩展 Kalman 滤波器仿真模型

其中需要用到 2 个 Random Number 模块作为过程噪声 $w_1(k)$ 和 $w_2(k)$，1 个 Random Number 模块作为观测噪声 $v(k)$，2 个 XY Graph 模块分别显示目标真实状态和扩展 Kalman 滤波后的状态。3 个自定义 S 函数模块的程序分别如下。

1.　SimuStateFunction.m

```
% 功能说明：S 函数仿真系统的状态方程
function [sys,x0,str,ts]=SimuStateFunction(t,x,u,flag)
global Xstate;
switch flag
```

```
    case 0    % 系统进行初始化，调用 mdlInitializeSizes 函数
        [sys,x0,str,ts]=mdlInitializeSizes;
    case 2    % 更新离散状态变量，调用 mdlUpdate 函数
        sys=mdlUpdate(t,x,u);
    case 3    % 计算 S 函数的输出，调用 mdlOutputs 函数
        sys=mdlOutputs(t,x,u);
    case {1,4}
        sys=[];
    case 9    % 仿真结束，保存状态值
        save('Xstate','Xstate');
    otherwise    % 其他未知情况处理，用户可以自定义
        error(['Unhandled flag = ',num2str(flag)]);
end
%%%%%%%%%%%%%%%%%%%%%%%%%%%%%%%%%%%%%%%%%%%%%%%%%%%%%%%%%
% 1．系统初始化子函数
function [sys,x0,str,ts]=mdlInitializeSizes
sizes = simsizes;
sizes.NumContStates   = 0;     % 无连续量
sizes.NumDiscStates   = 2;     % 离散状态四维
sizes.NumOutputs      = 2;     % 输出四维，因为状态量是 x、y 方向的位置和速度
sizes.NumInputs       = 2;     % 输入维数，因为噪声模型是二维的
sizes.DirFeedthrough = 0;
sizes.NumSampleTimes = 1;     % 至少需要的采样时间
sys = simsizes(sizes);
x0   = [0,0]';              % 初始条件
str = [];                  % str 总是设置为空
ts   = [-1 0];   % 表示该模块采样时间继承其前的模块采样时间设置
global Xstate;
Xstate=[];
Xstate=[Xstate,x0];
%%%%%%%%%%%%%%%%%%%%%%%%%%%%%%%%%%%%%%%%%%%%%%%%%%%%%%%%%
% 2．进行离散状态变量的更新
function sys=mdlUpdate(t,x,u)
% 根据状态方程计算最新的状态
Xnew=ffun(x)+u;
% 输出返回
sys=Xnew;
```

```
% 保存最新的状态
global Xstate;
Xstate=[Xstate,Xnew];
%%%%%%%%%%%%%%%%%%%%%%%%%%%%%%%%%%%%%%%%%%%%%%%%%%%%
% 3．求取系统的输出信号
function sys=mdlOutputs(t,x,u)
sys = x;   % 把算得的模块输出向量赋给 sys
%%%%%%%%%%%%%%%%%%%%%%%%%%%%%%%%%%%%%%%%%%%%%%%%%%%%
```

2．GetDistanceFunction.m

```
% 功能说明：S 函数计算输入信号，并输出距离信息
function [sys,x0,str,ts]=GetDistanceFunction(t,x,u,flag)
switch flag
    case 0   % 系统进行初始化，调用 mdlInitializeSizes 函数
        [sys,x0,str,ts]=mdlInitializeSizes;
    case 2   % 更新离散状态变量，调用 mdlUpdate 函数
        sys=mdlUpdate(t,x,u);
    case 3   % 计算 S 函数的输出，调用 mdlOutputs 函数
        sys=mdlOutputs(t,x,u);
    case {1,4,9}
        sys=[];
    otherwise   % 其他未知情况处理，用户可以自定义
        error(['Unhandled flag = ',num2str(flag)]);
end
%%%%%%%%%%%%%%%%%%%%%%%%%%%%%%%%%%%%%%%%%%%%%%%%%%%%
% 1．系统初始化子函数
function [sys,x0,str,ts]=mdlInitializeSizes
sizes = simsizes;
sizes.NumContStates   = 0;    % 无连续量
sizes.NumDiscStates   = 1;    % 离散状态四维
sizes.NumOutputs      = 1;    % 输出四维，因为状态量是 x、y 方向的位置和速度
sizes.NumInputs       = 2;    % 输入维数，因为噪声模型是二维的
sizes.DirFeedthrough = 0;
sizes.NumSampleTimes = 1;    % 至少需要的采样时间
sys = simsizes(sizes);
x0   = [0]';               % 初始条件
```

```
str = [];                    % str 总是设置为空
ts   = [-1 0];   % 表示该模块采样时间继承其前的模块采样时间设置
%%%%%%%%%%%%%%%%%%%%%%%%%%%%%%%%%%%%%%%%%%%%%%%%%%%%
% 2．进行离散状态变量的更新
function sys=mdlUpdate(t,x,u)
sys=hfun(u);
%%%%%%%%%%%%%%%%%%%%%%%%%%%%%%%%%%%%%%%%%%%%%%%%%%%%
% 3．求取系统的输出信号
function sys=mdlOutputs(t,x,u)
sys = x;    % 把算得的模块输出向量赋给 sys
%%%%%%%%%%%%%%%%%%%%%%%%%%%%%%%%%%%%%%%%%%%%%%%%%%%%
```

3．EKF.m

```
%%%%%%%%%%%%%%%%%%%%%%%%%%%%%%%%%%%%%%%%%%%%%%%%%%%%
% 功能说明：基于观测距离，扩展 Kalman 滤波完成对目标状态估计
function [sys,x0,str,ts]=EKF(t,x,u,flag)
global Zdist;    % 观测信息
global Xekf;        % 粒子滤波估计状态
% randn('seed',20);
% 过程噪声 Q
Q=diag([0.01,0.04]);
% 测量噪声 R
R=1;
switch flag
    case 0    % 系统进行初始化，调用 mdlInitializeSizes 函数
        [sys,x0,str,ts]=mdlInitializeSizes;
    case 2    % 更新离散状态变量，调用 mdlUpdate 函数
        sys=mdlUpdate(t,x,u,Q,R);
case 3    % 计算 S 函数的输出，调用 mdlOutputs 函数
        sys=mdlOutputs(t,x,u);
    case {1,4}
        sys=[];
    case 9    % 仿真结束，保存状态值
        save('Xekf','Xekf');
        save('Zdist','Zdist');
    otherwise    % 其他未知情况处理，用户可以自定义
        error(['Unhandled flag = ',num2str(flag)]);
```

```
end
%%%%%%%%%%%%%%%%%%%%%%%%%%%%%%%%%%%%%%%%%%%%%%%%%%%%%%%%%%%%
% 1．系统初始化子函数
function [sys,x0,str,ts]=mdlInitializeSizes(N)
sizes = simsizes;
sizes.NumContStates   = 0;      % 无连续量
sizes.NumDiscStates   = 2;      % 离散状态四维
sizes.NumOutputs      = 2;      % 输出四维，因为状态量是 x、y 方向的位置和速度
sizes.NumInputs       = 1;      % 输入维数，因为噪声模型是二维的
sizes.DirFeedthrough = 0;
sizes.NumSampleTimes = 1;       % 至少需要的采样时间
sys = simsizes(sizes);
x0   = [0,0]';                  % 初始条件
str = [];                       % str 总是设置为空
ts   = [-1 0];   % 表示该模块采样时间继承其前的模块采样时间设置
global Zdist;   % 观测信息
Zdist=[];
global Xekf;      % 粒子滤波估计状态
Xekf=[x0];
global P;
P=zeros(2,2);   % 初始化
%%%%%%%%%%%%%%%%%%%%%%%%%%%%%%%%%%%%%%%%%%%%%%%%%%%%%%%%%%%%
% 2．进行离散状态变量的更新
function sys=mdlUpdate(t,x,u,Q,R)
global Zdist;   % 观测信息
global Xekf;
global P;
Zdist=[Zdist,u]; % 保存观测信息
%————————————————————————————————————————
% 下面开始用 EKF 对状态更新
x0=0;y0=0;
% 第一步：状态预测
Xold=Xekf(:,length(Xekf(1,:)));
Xpre=ffun(Xold);
% 第二步：观测预测
Zpre=hfun(Xpre);
```

```
% 第三步：求 F 和 H
F=[1,0;0.1*cos(0.1*Xpre(1,1)),1];
H=[(Xpre(1,1)-x0)/Zpre,(Xpre(2,1)-y0)/Zpre];
% 第四步：协方差预测
Ppre=F*P*F'+Q;
% 第五步：计算 Kalman 增益
K=Ppre*H'*inv(H*Ppre*H'+R);
% 第六步：状态更新
Xnew=Xpre+K*(u-Zpre);
% 第七步：协方差更新
P=(eye(2)-K*H)*Ppre;
% 保存最新的状态并输出
Xekf=[Xekf,Xnew];
sys=Xnew;   % 返回给输出
%%%%%%%%%%%%%%%%%%%%%%%%%%%%%%%%%%%%%%%%%%%%%%%%%%%%%%%%%
% 3．求取系统的输出信号
function sys=mdlOutputs(t,x,u)
sys = x;   % 把算得的模块输出向量赋给 sys
%%%%%%%%%%%%%%%%%%%%%%%%%%%%%%%%%%%%%%%%%%%%%%%%%%%%%%%%%
```

4．ffun.m

```
function Xnew=ffun(X) % 状态方程函数
Xnew(1,1)=X(1)+1;
Xnew(2,1)=X(2)+sin(0.1*X(1));
```

5．hfun.m

```
function d=hfun(X) % 观测方程函数
x0=0;y0=0;
d=sqrt( (X(1)-x0)^2+(X(2)-y0)^2 );
```

本例的所有文件如图 7.40 所示。

运行系统的 Simulink 仿真模型，得到以下仿真结果，其中图 7.41 是真实状态，而图 7.42 是扩展 Kalman 滤波估计的状态，可以看出扩展 Kalman 滤波已经对噪声进行了"平滑"。

图 7.40　扩展 Kalman 滤波器的所有工程文件列表

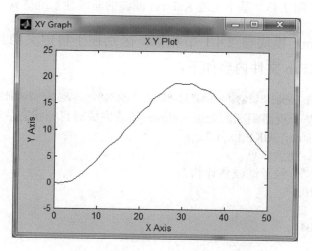

图 7.41　真实状态

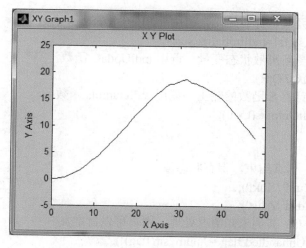

图 7.42　扩展 Kalman 滤波估计的状态

7.4.2　基于 Simulink 的无迹 Kalman 滤波器设计

同样使用非线性系统式（7.3）和式（7.4），构建系统的 Simulink 仿真模型如图 7.43 所示。

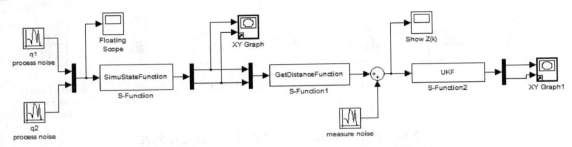

图 7.43   基于无迹 Kalman 滤波的非线性系统仿真

用到的 Simulink 模块与 7.4.1 节相似，区别在于自定义函数模块 S-Function2 的 M 文件，即 UKF.m 文件内容如下。

```
%%%%%%%%%%%%%%%%%%%%%%%%%%%%%%%%%%%%%%%%%%%%%%%%%%%%%
% 功能说明：基于观测距离，无迹 Kalman 滤波完成对目标状态估计
function [sys,x0,str,ts]=UKF(t,x,u,flag)
global Zdist;    % 观测信息
global Xukf;       % 粒子滤波估计状态
% randn('seed',20);
% 过程噪声 Q
Q=diag([0.01,0.04]);
% 测量噪声 R
R=1;
switch flag
    case 0    % 系统进行初始化，调用 mdlInitializeSizes 函数
        [sys,x0,str,ts]=mdlInitializeSizes;
    case 2    % 更新离散状态变量，调用 mdlUpdate 函数
sys=mdlUpdate(t,x,u,Q,R);
    case 3    % 计算 S 函数的输出，调用 mdlOutputs 函数
        sys=mdlOutputs(t,x,u);
    case {1,4}
        sys=[];
    case 9     % 仿真结束，保存状态值
        save('Xukf','Xukf');
        save('Zdist','Zdist');
    otherwise     % 其他未知情况处理，用户可以自定义
        error(['Unhandled flag = ',num2str(flag)]);
end
%%%%%%%%%%%%%%%%%%%%%%%%%%%%%%%%%%%%%%%%%%%%%%%%%%%%%
% 1. 系统初始化子函数
function [sys,x0,str,ts]=mdlInitializeSizes(N)
sizes = simsizes;
sizes.NumContStates   = 0;      % 无连续量
```

```
    sizes.NumDiscStates   = 2;      % 离散状态四维
    sizes.NumOutputs      = 2;      % 输出四维，因为状态量是 x、y 方向的位置和速度
    sizes.NumInputs       = 1;      % 输入维数，因为噪声模型是二维的
    sizes.DirFeedthrough = 0;
    sizes.NumSampleTimes = 1;       % 至少需要的采样时间
    sys = simsizes(sizes);
    x0   = [0,0]';                  % 初始条件
    str = [];                       % str 总是设置为空
    ts   = [-1 0];    % 表示该模块采样时间继承其前的模块采样时间设置
    global Zdist;   % 观测信息
    Zdist=[];
    global Xukf;      % 粒子滤波估计状态
    Xukf=[x0];
    global P;
    P=0.01*eye(2);   % 初始化
%%%%%%%%%%%%%%%%%%%%%%%%%%%%%%%%%%%%%%%%%%%%%%%%%%%%%%%%%%%%
% 2．进行离散状态变量的更新
function sys=mdlUpdate(t,x,u,Q,R)
global Zdist;   % 观测信息
global Xukf;
global P;
Zdist=[Zdist,u]; % 保存观测信息
%————————————————————————————————————————————————————————
% 下面开始用 UKF 对状态更新
Xin=Xukf(:,length(Xukf(1,:)));
[Xnew,P]=GetUkfResult(Xin,u,P,Q,R)
% 保存最新的状态并输出
Xukf=[Xukf,Xnew];
sys=Xnew;   % 返回给输出
%%%%%%%%%%%%%%%%%%%%%%%%%%%%%%%%%%%%%%%%%%%%%%%%%%%%%%%%%%%%
% 3．求取系统的输出信号
function sys=mdlOutputs(t,x,u)
sys = x;   % 把算得的模块输出向量赋给 sys
%%%%%%%%%%%%%%%%%%%%%%%%%%%%%%%%%%%%%%%%%%%%%%%%%%%%%%%%%%%%
% 子函数
function [Xout,P]=GetUkfResult(Xin,Z,P,Q,R) %  UKF 算法子程序
% 权值系数初始化
L=2; % 状态的维数
```

```matlab
alpha=0.01;
kalpha=0;
belta=2;
ramda=alpha^2*(L+kalpha)-L;
for j=1:2*L+1
    Wm(j)=1/(2*(L+ramda));
    Wc(j)=1/(2*(L+ramda));
end
Wm(1)=ramda/(L+ramda);
Wc(1)=ramda/(L+ramda)+1-alpha^2+belta;
% 滤波初始化
xestimate=Xin;
% 第一步：获得一组 Sigma 点集
P
cho=(chol(P*(L+ramda)))';
for k=1:L
    xgamaP1(:,k)=xestimate+cho(:,k);
    xgamaP2(:,k)=xestimate-cho(:,k);
end
Xsigma=[xestimate,xgamaP1,xgamaP2]; % Sigma 点集
% 第二步：对 Sigma 点集进行一步预测
for k=1:2*L+1
    Xsigmapre(:,k)=ffun(Xsigma(:,k));
end
% 第三步：利用第二步的结果计算均值和协方差
Xpred=zeros(2,1);        % 均值
for k=1:2*L+1
    Xpred=Xpred+Wm(k)*Xsigmapre(:,k);
end
Ppred=zeros(2,2);        % 协方差阵预测
for k=1:2*L+1
    Ppred=Ppred+Wc(k)*(Xsigmapre(:,k)-Xpred)*(Xsigmapre(:,k)-Xpred)';
end
Ppred=Ppred+Q;
% 第四步：根据预测值，再一次使用 UT 变换，得到新的 Sigma 点集
chor=(chol((L+ramda)*Ppred))';
for k=1:L
    XaugsigmaP1(:,k)=Xpred+chor(:,k);
```

```
        XaugsigmaP2(:,k)=Xpred-chor(:,k);
end
Xaugsigma=[Xpred XaugsigmaP1 XaugsigmaP2];
% 第五步：观测预测
for k=1:2*L+1          % 观测预测
    Zsigmapre(1,k)=hfun(Xaugsigma(:,k));
end
% 第六步：计算观测预测均值和协方差
Zpred=0;                % 观测预测的均值
for k=1:2*L+1
    Zpred=Zpred+Wm(k)*Zsigmapre(1,k);
end
Pzz=0;
for k=1:2*L+1
    Pzz=Pzz+Wc(k)*(Zsigmapre(1,k)-Zpred)*(Zsigmapre(1,k)-Zpred)';
end
Pzz=Pzz+R;    % 得到协方差 Pzz
Pxz=zeros(2,1);
for k=1:2*L+1
    Pxz=Pxz+Wc(k)*(Xaugsigma(:,k)-Xpred)*(Zsigmapre(1,k)-Zpred)';
end
% 第七步：计算 Kalman 增益
K=Pxz*inv(Pzz);                         % Kalman 增益
% 第八步：状态和方差更新
Xout=Xpred+K*(Z-Zpred);                 % 状态更新
P=Ppred-K*Pzz*K';                       % 方差更新
%%%%%%%%%%%%%%%%%%%%%%%%%%%%%%%%%%%%%%%%%%%%%%%%%%%%%%%
```

本例的所有程序文件如图 7.44 所示。

图 7.44　无迹 Kalman 滤波的非线性系统所有文件列表

运行上面的仿真模型，得到目标的真实状态如图 7.45 所示，无迹 Kalman 滤波的估计状态如图 7.46 所示。

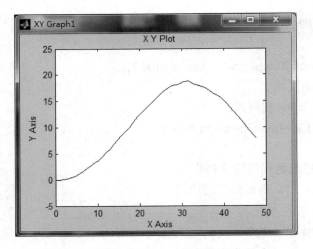

图 7.45　无迹 Kalman 滤波的真实状态

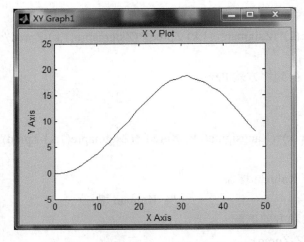

图 7.46　无迹 Kalman 滤波的估计状态

参 考 文 献

[1]　单泽彪，石要武，高兴泉. 基于 Simulink 实现的数模混合控制系统仿真新方法[J]. 吉林大学学报，2014,44(2):548-553.

[2]　向博，高丙团，张晓华，胡广大. 非连续系统的 Simulink 仿真方法研究[J]. 系统仿真学报，2006(7):1750-1754+1762.

[3]　吕志宽，李声晋，卢刚，周勇. 基于 Kalman 滤波器的无刷直流电动机仿真[J]. 微特电机，2011,39(4):24-28.

[4]　齐鑫，彭勤素，李丽娜，陈华兵. 基于 Simulink 高精度组合导航系统研究与

仿真[J]. 系统仿真学报，2009,21(12):3773-3777.

[5]　周文君，刘进，雷宏杰. 一种面向捷联惯导系统设计/验证的仿真平台设计[J]. 弹箭与制导学报，2011,31(6):11-14.

[6]　李恒，王光宇，秦健. 无味 Kalman 滤波算法分析及其应用仿真研究[J]. 兵工学报，2015,36(2):206-214.

[7]　赵红专，袁平. R-77 导弹改进 Kalman 滤波估计起爆角和时延仿真分析[J]. 弹道学报，2011,23(4):38-41+46.。

[8]　刘繁明，钱东，郭静. 基于 Kalman 滤波的地形反演方法及其仿真研究[J]. 测绘学报，2011,40(1):45-51.

[9]　谢恺，薛模根，周一宇，安玮. 天基红外低轨星座对目标的跟踪算法研究[J]. 宇航学报，2007(3):694-701.

[10]　王向华，覃征，杨新宇，杨慧杰. 基于多次 Kalman 滤波的目标自适应跟踪算法与仿真分析[J]. 系统仿真学报，2008,20(23):6458-6460+6465.

[11]　李罡，吕晶，常江，戴卫恒，李广侠. Kalman 滤波卫星授时的仿真技术[J]. 解放军理工大学学报，2008(4):312-316.

[12]　闫广明，孙小君. 一种分数阶 Kalman 滤波器的仿真分析[J]. 控制工程，2018,25(9):1709-1712.

[13]　齐鑫，彭勤素，李丽娜，陈华兵. 基于 Simulink 高精度组合导航系统研究与仿真[J]. 系统仿真学报，2009,21(12):3773-3777.

[14]　杨艳明，唐胜景. 基于 Simulink 的子导弹全弹道仿真[J]. 系统仿真学报，2006(6):1442-1444+1449.

反侵权盗版声明

电子工业出版社依法对本作品享有专有出版权。任何未经权利人书面许可，复制、销售或通过信息网络传播本作品的行为以及歪曲、篡改、剽窃本作品的行为，均违反《中华人民共和国著作权法》，其行为人应承担相应的民事责任和行政责任，构成犯罪的，将被依法追究刑事责任。

为了维护市场秩序，保护权利人的合法权益，本社将依法查处和打击侵权盗版的单位和个人。欢迎社会各界人士积极举报侵权盗版行为，本社将奖励举报有功人员，并保证举报人的信息不被泄露。

举报电话：（010）88254396；（010）88258888

传　　真：（010）88254397

E-mail：dbqq@phei.com.cn

通信地址：北京市海淀区万寿路 173 信箱

　　　　　电子工业出版社总编办公室

邮　　编：100036